Alexander von Humboldt
oder Die Sehnsucht nach der Ferne

VOLKER MEHNERT • CLAUDIA LIEB

Alexander von Humboldt

oder Die Sehnsucht nach der Ferne

GERSTENBERG

Inhalt

FRANKREICH
Bordeaux
1. August 1804
La Coruña
5. Juni 1799
SPANIEN
Juni–Juli 1804
Philadelphia
Washington
USA
Santa Cruz
TENERIFFA
Golf von Mexiko
Atlantischer Ozean
MEXIKO
März 1804
Havanna
Trinidad
KUBA
Mexiko-Stadt
Veracruz
Acapulco
Dezember 1800
März 1801
Juni–Juli 1799
Cumaná
Caracas
Februar – März 1803
Cartagena
VENEZUELA
Angostura
Pazifischer Ozean
KOLUMBIEN
Bogotá
EKUADOR
San Carlos
Quito
Chimborazo
Äquator
Guayaquil
PERU
Lima
Spiegelsextant
FORSCHUNGSREISE
1799–1804

PROLOG

Dezember 1827 in der preußischen Hauptstadt Berlin. Vor der Universität drängen sich die Leute, das Verkehrschaos in den umliegenden Straßen können sogar Polizisten zu Pferd nicht eindämmen. Dort, wo sich sonst nur ein paar Gelehrte mit ihren Studenten versammeln, finden sich plötzlich Hunderte, ja Tausende von Menschen ein. Was ist da los?
Ein Mann hält Vorträge, und die halbe Stadt will ihm zuhören. Das hat man bis dahin noch nicht erlebt. Doch der Mann heißt Alexander von Humboldt, und er hält keine trockenen, gelehrsamen Reden, sondern ist ein mitreißender Erzähler. Er spricht frei und lebendig, oft ganz ohne Notizen. Humboldt berichtet von seinen Abenteuern in Nord- und Südamerika, von tropischen Urwäldern, Vulkanbesteigungen und exotischen Völkern. Aber auch über Ozeane und Weltall, über Erdgeschichte und Klima, Magnetismus und Elektrizität kann er spannend erzählen.

Ein halbes Jahr lang hält er mehrere Vorträge pro Woche, und wie mitreißend das ist, hat sich in der Stadt rasend schnell herumgesprochen. Alle wollen ihn sehen, wollen ihm zuhören, sich rechtzeitig Plätze sichern. Die Menschen stammen aus allen Gesellschaftsschichten; es sind Lehrer und Studenten, Handwerker und Dienstboten. Sogar der preußische König findet sich ein. Auch Frauen, die damals an der Universität nicht zugelassen sind, dürfen kommen. Der Eintritt ist kostenlos. Und jedes Mal ist das Publikum begeistert. Kein Wunder, dass die Räume in der Universität bald zu klein sind und Humboldt seine Vorträge nun auch in der Singakademie hält, deren Saal immerhin tausend Zuhörer fasst.

Dort findet eine bahnbrechende Veränderung statt: Die Wissenschaft, bisher hinter verschlossenen Türen praktiziert und für wenige Auserwählte reserviert, ist auf einmal für jedermann zugänglich und verständlich. Und Alexander von Humboldt ist der strahlende Held dieser Revolution, er wird zum berühmtesten Wissenschaftler des ganzen Jahrhunderts. Dabei hat er als kleiner Junge zu wenig Hoffnung Anlass gegeben …

Ein abenteuerlustiger Junge

„Hast du dich schon wieder im Garten herumgetrieben und mit Käfern und Blumen beschäftigt?“, tadelt der gestrenge Hauslehrer den kleinen Alexander. Er soll seine Nase lieber in die Bücher stecken, doch der Junge interessiert sich mehr für Steine, Insekten und Pflanzen. Seine Noten lassen leider sehr zu wünschen übrig, und die Eltern fürchten sogar, er sei ein wenig dumm. Man vergleicht ihn immerzu mit seinem zwei Jahre älteren Bruder Wilhelm. Aber das ist nicht fair. Denn Alexander muss bei den gemeinsamen Hauslehrern den gleichen Stoff lernen wie der strebsame Bruder, und da kommt er nicht immer so schnell mit. Und obwohl er zudem schüchtern und manchmal etwas kränklich ist, gelingt ihm das Lernen eigentlich ganz gut.

Im Grunde seines Herzens interessiert er sich jedoch für völlig andere Dinge. Während Wilhelm gern Sprachen wie Latein und Griechisch büffelt und für Literatur und Philosophie schwärmt, ist Alexander neugierig auf Pflanzen, Tiere und die Natur überhaupt. Die sucht und findet der schmale, stille Junge im Park des kleinen Schlösschens, in dem die Familie Humboldt in Berlin lebt. Der Vater ist Offizier und Kammerherr am Hofe des preußischen Königs und kann es sich leisten, ein großzügiges Anwesen zu führen.

Auch als er älter ist, verbringt Alexander so viel Zeit wie möglich im Freien. Er ist immerzu unterwegs. »Der Junge ist zu abenteuerlustig«, schimpfen die Hauslehrer. Immer wieder zieht es ihn in den botanischen Garten von Berlin, wo er Palmen und andere Baumriesen aus tropischen Regionen bewundert und von den fremden Ländern träumt. Wie gern würde er diese Pflanzen in ihrer angestammten Heimat sehen! Zu Hause verschlingt er alle Reiseberichte, die ihm in die Finger kommen. Die Abenteuer des englischen Weltumseglers James Cook haben es ihm besonders angetan. Doch an Pflanzenkunde oder gar weite Reisen ist nicht zu denken: Kameralwissenschaft, Staatswirtschaftslehre, muss er studieren, so bestimmt es die strenge Mutter, die die Ausbildung ihrer Söhne nach dem plötzlichen Tod des Vaters in die Hand genommen hat. Erst als Student an der Universität Göttingen kann er endlich seinem Forschergeist nachgehen: Zu seiner großen Freude gelingt es ihm, mit einem Mann Bekanntschaft zu schließen, der mit Cook drei Jahre lang auf den Ozeanen unterwegs war: Georg Forster. Der hat so viel von der Welt gesehen wie kein Deutscher vor ihm. Sein Buch über die Reise ist ein Bestseller. Er erzählt Alexander von seinen Erlebnissen in fernen Ländern und auf unbekannten Inseln in der Südsee und facht damit Alexanders Sehnsucht nach fremden Ländern so richtig an.

DER BERÜHMTE BRUDER

Wilhelm von Humboldt reiste nicht so viel durch die Welt wie sein Bruder Alexander, war aber ebenfalls ein angesehener Gelehrter. Schon als 13-Jähriger sprach er fließend Latein, Griechisch und Französisch, später lernte er noch Englisch, Italienisch, Spanisch, Tschechisch und Ungarisch. Als Diplomat im preußischen Staatsdienst verhandelte er mit ausländischen Regierungen in Paris, Rom und Wien. Zu Hause in Berlin sorgte er als Unterrichtsminister für ein modernes Schulsystem. Er gründete auch die erste Universität der Stadt, die seit 1949 nach ihm und seinem Bruder benannt ist: die Humboldt-Universität.

Mit einer kleinen Reise beginnen sie: Zusammen mit Georg besucht der junge Student den Niederrhein, die Niederlande, England und Frankreich. In London, der englischen Hauptstadt, begeistert er sich vor allem für die vielen Schiffe, die dort im Hafen liegen. Sie sind mit Zucker, Tee, Gewürzen und weiteren exotischen Waren aus der weiten Welt zurückgekehrt. Alexanders Fernweh wird immer größer.

„Ich hatte seit meiner ersten Jugend den glühenden Wunsch nach einer Reise in entfernte und von den Europäern wenig besuchte Länder.“

Doch zurück in Deutschland ist erst einmal Schluss mit der Reiselust. Seine Mutter erwartet von ihm keine Eskapaden. „Du brauchst eine sichere Anstellung“, ordnet sie an. Er soll eine Karriere als Beamter im preußischen Staatsdienst antreten, so wie sein Vater. Alexander möchte sie nicht enttäuschen, und so setzt er sein Studium an der Akademie für Bergbau in Freiberg fort. Dort kann er sich immerhin mit den geliebten Naturwissenschaften beschäftigen. Alles, was im Bauch der Erde vor sich geht, fasziniert ihn. Er verlässt sich nicht auf Bücher und Lehrer, sondern kriecht höchstpersönlich in den engsten und dunkelsten Schächten herum. Er ist wie magisch angezogen von den unterirdischen Steinen, Metallen, Mineralien und Gasen, die er mit akribischer Gründlichkeit untersucht.

PREUSSEN

Ende des 18. Jahrhunderts war Deutschland in viele kleine Staaten und Fürstentümer zersplittert. Durch militärische Stärke und geschickte Diplomatie konnte das Königreich Preußen im Laufe der Zeit immer mehr Macht gewinnen. Kleine Staaten im Norden und Osten wurden erobert oder schlossen sich freiwillig an. 1871 entstand das Deutsche Reich, und der preußische König Wilhelm wurde zum Deutschen Kaiser gekrönt.

Bereits mit 22 Jahren hat Alexander sein Studium abgeschlossen und erhält einen Posten als Bergwerksinspektor. Seine Aufgabe ist es, Kohlegruben, Salzbergwerke und Goldminen zu kontrollieren und ihre Erträge zu steigern. Nebenher schreibt der rastlose junge Mann Lehrbücher und gründet eine Schule für Bergleute. Auch sein Erfindergeist macht sich in dieser Zeit bemerkbar: Er entwickelt eine neuartige Grubenlampe und eine Atemmaske – Hilfsmittel, die sich als Segen für die gefährliche Arbeit der Bergleute erweisen. Das bringt ihm schnell eine Beförderung ein, und seine Zukunft im Staatsdienst scheint glänzend. Als preußischer Beamter trägt er jetzt eine Uniform, und aus dem verträumten kleinen Alexander ist der ehrenwerte Baron von Humboldt geworden. Vielleicht wird er eines Tages sogar Minister am Hofe des Königs!

Aber dann, im Jahr 1796, stirbt die Mutter nach langem Krebsleiden. Die beiden Brüder erben von ihr ein großes Vermögen. Die ganze Verwandtschaft ist entsetzt, als Alexander daraufhin sofort seine Stellung als Bergbauinspektor aufgibt. „Jetzt gehe ich auf Reisen“, verkündet er. „Ich will die Welt sehen, ich will über die Ozeane segeln.“ Doch das ist gar nicht so einfach wie gedacht.

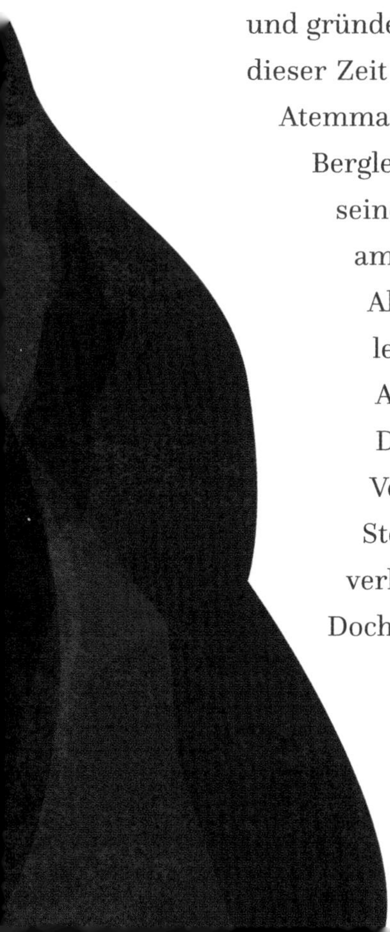

Abschied von Europa

Wo geht's nach Amerika?

Strohhalm-Elektrometer zum Nachweis von elektrischen Ladungen

Alexander ist nun ein vermögender Mann, dem die ganze Welt offensteht. Doch wohin soll nun die Reise gehen? In die Südsee wie sein Freund Georg Forster? Auf die Inseln der Karibik, nach Sibirien, nach Afrika oder doch nach Amerika? Alexander schiebt die Entscheidung auf und besorgt sich erst einmal die notwendigen Instrumente für seine geplanten naturwissenschaftlichen Forschungen: Thermometer und Barometer, um Temperatur und Luftdruck zu messen. Mikroskope zur Untersuchung von Pflanzen und Insekten. Fernrohre zur Himmelsbeobachtung. Kompasse und Sextanten zur Ortsbestimmung.

Mit diesem wertvollen Gepäck reist Alexander nach Italien und in die Schweiz, um die Geräte zu testen und Studien über Botanik, Zoologie, Geologie und Sternenkunde zu betreiben. Ob Wind, Regen oder Schnee – bei jedem Wetter ist er unterwegs. Gleichzeitig liest er Reiseberichte und Bücher über die neuesten wissenschaftlichen Forschungen und ist im Austausch mit den berühmtesten Gelehrten seiner Zeit. Schließlich ist er wirklich gut vorbereitet für seine erste lange, weite Reise.

„Wenige Reisende haben größere Schwierigkeiten zu überwinden gehabt, als die waren, die sich mir vor meiner Abreise ins spanische Amerika entgegenstellten.“

Zu dieser Zeit aber ist der ganze europäische Kontinent in Aufruhr. 1789 haben die Menschen in Frankreich gegen den König rebelliert und mit dem Ruf nach „Freiheit, Gleichheit und Brüderlichkeit" ein neues Zeitalter eingeläutet. Alexander begeistert sich ebenfalls für diese fortschrittlichen Ideen. Die Hoffnung auf bessere Zeiten für alle Menschen geht jedoch nicht in Erfüllung. 1804 lässt sich Napoleon zum Kaiser krönen und macht sich daran, ganz Europa zu erobern. Es kommt zu Kriegen zwischen den großen Nationen: England, Preußen, Österreich-Ungarn, Spanien und Frankreich bekämpfen sich gegenseitig – auf dem Land und auf dem Meer. Das sind keine guten Voraussetzungen für eine Reise in die Welt hinaus.

NAPOLEON
1789 hatten die Franzosen den König gestürzt und die Monarchie abgeschafft. Doch dann versank das Land im Chaos. Das nutzte ein General namens Napoleon Bonaparte aus: 1804 ließ er sich zum Kaiser krönen und versprach Ruhe und Ordnung. Stattdessen schickte er seine Soldaten in schier endlose Kriege. Sie eroberten halb Europa, verloren aber 1815 gegen die Engländer und die Preußen die Schlacht von Waterloo. Der Kaiser wurde abgesetzt und verbannt.

Da erfährt Alexander überraschend von einer französischen Expedition unter Kapitän Nicolas Baudin, die zur Antarktis aufbrechen soll. Er begibt sich schnurstracks nach Paris und hofft, dass man ihn mitnimmt. Doch kaum dort angekommen, teilt man ihm mit, dass nicht genug Geld vorhanden sei und die Reise abgesagt werde. Anschließend hört er von einer Expedition nach Nordafrika, die von der Hafenstadt Marseille in Südfrankreich ausgehen soll. „Dann fahre ich eben dorthin", sagt er sich. Es wird nicht das einzige Mal bleiben, dass er seine Reisepläne ganz plötzlich ändern muss, doch davon ahnt er jetzt noch nichts.

Alexander macht sich nicht allein auf den Weg. In Paris nämlich hat er einen jungen französischen Wissenschaftler kennengelernt, der im selben Haus wohnt wie er. Sein Name ist Aimé Bonpland. Der junge Arzt hat bei der französischen Marine gedient, interessiert sich aber viel mehr für die Pflanzenkunde. Vor allem jedoch ist er ebenfalls vom Fernweh geplagt. Kein Wunder, dass sich die beiden jungen Männer schnell anfreunden. „Wir wären ein gutes Team", sagt Alexander. „Aber ich habe überhaupt kein Geld", bedauert der Franzose. „Mach dir keine Sorgen", antwortet Alexander, „die Kosten übernehme ich." Also stimmt Aimé zu und packt seine Sachen. Doch noch immer ist ganz ungewiss, wann die Reise losgehen kann.

Es ist der Beginn einer seltsamen Freundschaft. Alexander ist ein disziplinierter Mann, der sich voll und ganz auf seine Arbeit und die Wissenschaft konzentriert. Aimé dagegen hat auch gegen die anderen Freuden des Lebens nichts einzuwenden: Er trinkt gern ein Gläschen Wein und schaut sich nach den Mädchen um. Während Alexander immer rastlos ist und nur wenige Stunden schläft, kann Aimé auch mal entspannt in der Sonne sitzen. Deshalb werden sie immer wieder kräftig in Streit geraten, was ihrer Freundschaft jedoch keinen Abbruch tut.

Erst einmal sitzen sie in Marseille fest, denn das versprochene Schiff lässt sich nicht blicken. Schließlich erfahren sie, dass es gar nicht mehr kommen wird, weil es in einem Sturm schwer beschädigt wurde. Es ist zum Verzweifeln. Aber Alexander verliert nicht den Mut. „Wir probieren es in Spanien", sagt er zu seinem Partner, „vielleicht klappt es ja von da aus." Auf dem Weg dorthin testet Alexander immer wieder seine Instrumente. Er misst die Höhe von Bergen und die Breite von Flüssen, untersucht Temperatur und Luftfeuchtigkeit. Aimé sammelt derweil Kräuter und Blumen, die er aus seiner Heimat nicht kennt. Alles wird sorgfältig notiert. Schließlich gelangen die beiden nach Madrid, in die spanische Hauptstadt, in der König Carlos IV. über ein riesiges Weltreich regiert.

„Nie wurde ein Fremder von der spanischen Regierung mit mehr Zutrauen geehrt."

Spanien besitzt Kolonien in Asien und auf dem amerikanischen Kontinent. Ausländer lässt man dort aus Angst vor Spionage gar nicht gern herumreisen. Doch Alexander gelingt es mit seiner mitreißenden Art, das Vertrauen von König Carlos zu erringen. Er verspricht ihm, auf dem Rückweg exotische Pflanzen für die königlichen Gärten in Madrid mitzubringen. Durch seine Kenntnisse im Bergbau könne er den Spaniern sicher auch in den Gold- und Silberminen von Südamerika und Mexiko behilflich sein.

Weil Alexander die Reise außerdem selbst bezahlen will, ist der König schließlich überzeugt. Er stellt den Gefährten Reisepässe für sämtliche Kolonien aus. Alle Behörden im spanischen Amerika sollen sie freundlich empfangen und

ihnen jede mögliche Unterstützung gewähren. Wenn nötig, dürfen sie sogar auf spanischen Schiffen mitsegeln. Sie sind die ersten Ausländer überhaupt, die eine Erlaubnis erhalten, frei und ungehindert in den spanischen Kolonien herumzureisen.

Man schreibt das Jahr 1799. Alexander ist dreißig Jahre alt, als er zusammen mit Aimé Bonpland in der spanischen Hafenstadt La Coruña das Postschiff *Pizarro* besteigt und in See sticht. Ziel ist die Karibikinsel Kuba. Mehr als vierzig Instrumente befinden sich gut verpackt in Holzkisten, außerdem Werkzeuge, Schreibpapier und Behälter für Mineralien, Samen, Blüten und Bodenproben. Endlich kann die lang ersehnte Forschungsreise beginnen.

Der Vulkan von Teneriffa

Auf ihrer Fahrt über den Atlantik laufen die meisten Schiffe als Zwischenstation die Kanarischen Inseln an, auch sie in spanischem Besitz. Die *Pizarro* macht da keine Ausnahme. Alexander steht natürlich mit seinem Fernrohr an Deck, als sie sich den Inseln nähern. „Nichts zu sehen, zu viel Nebel", sagt er etwas enttäuscht zum Kapitän. „Abwarten", meint der. Und tatsächlich: Nachdem sie noch ein Stück weitergesegelt sind, löst der Nebel sich auf und die Insel Teneriffa mit ihrem Vulkan Pico del Teide taucht auf. Die ersten Sonnenstrahlen des frühen Morgens sorgen vor ihren Augen für ein besonderes Schauspiel: Sie bescheinen erst nur die Spitze des Berges und wandern dann langsam hinunter bis zur Küste. „Auf den Berg müssen wir unbedingt hinauf", verkündet Alexander. Der Kapitän erklärt sich zu einem Aufenthalt bereit. „Viel Zeit können Sie sich aber nicht nehmen", mahnt er, „wir haben noch eine lange Überfahrt nach Amerika vor uns."

Ein Drachenbaum.
Er kann bis zu 18 Meter hoch wachsen.

Also müssen sich Alexander und Aimé beeilen. Sie versuchen, auf der Insel einen Führer zu finden, der sich am Berg auskennt. Doch von den Einheimischen ist offenbar noch niemand auf den Vulkan geklettert. Er ist 3718 Meter hoch, der höchste Berg von Spanien. Seine Hänge sind schroff und an manchen Stellen brodelt heiße Luft aus der Erde. „Was wollt ihr dort oben?", fragen die Leute. „Da sind nur Felsen, Schnee und Qualm, der wie faule Eier nach Schwefel stinkt. Es gibt nichts zu ernten und nicht einmal Wasser." Manche denken, im Krater des Vulkans sei der Eingang zur Unterwelt, in der die bösen Geister herrschen.

Doch am Ende finden sich tatsächlich ein paar Helfer, die gegen gute Bezahlung die schweren Gerätschaften nach oben tragen wollen. Aimé schaut sich während des Aufstiegs jede Pflanze genau an, und manche von ihnen schneidet er ab und sammelt sie ein. Einige hat er noch nie im Leben gesehen und auch in seinen botanischen Studien nichts von ihnen gehört. Kein Wunder, denn sie wachsen nur auf den Kanarischen Inseln. Besonders beeindruckt ist er von den Palmen und Bananenstauden, die er zum ersten Mal in freier Natur sieht. Die einheimischen Begleiter wundern sich, dass jemand über so etwas Alltägliches staunen kann, aber sie lassen es sich nicht anmerken.

Doch immer wenn Alexander stehenbleibt, um die verschiedenen Gesteinsarten zu untersuchen und Proben einzupacken, werden sie störrisch. „Warum sollen wir das schwere Zeug mit uns herumschleppen?", fragen sie. Alle zehn Minuten verlangen sie eine Pause. Dauernd müssen sie überredet werden weiterzumachen, und nur die versprochene Belohnung bringt sie wieder auf Trab.

Immer höher geht es hinauf. Nur einzelne Ziegen und Kaninchen sind noch zu sehen. Vom Ausgangspunkt auf Meereshöhe, wo die tropischen Pflanzen saftig grün wachsen, durchqueren sie immer neue Zonen der Vegetation. Bald bewegen sie sich durch einen Wald, wie sie ihn von zu Hause kennen. „Es ist, als ob wir vom Äquator zum Nordpol reisen", erklärt Alexander seinem Freund, „je höher wir kommen, desto kühler wird das Klima und desto

FEUER AUS DEM BAUCH DER ERDE

Großer Druck und gewaltige Hitze bringen im Innern der Erdkugel das Gestein zum Schmelzen. Die feurige Flüssigkeit heißt Magma. Überall dort, wo sich in der Erdkruste Risse und Löcher auftun, kommt sie an die Oberfläche. Manchmal geschieht das langsam, und dann fließt ein glühender Strom aus geschmolzenem Fels aus der Erde, den man Lava nennt. Wenn die Lava an der Luft erkaltet, wächst ein kegelförmiger Berg in die Höhe: der Vulkan. Ist der Druck in seinem Innern besonders groß, findet eine Explosion statt: Gase, Asche und riesige Felsbrocken fliegen aus dem Krater kilometerhoch in die Luft.

karger werden die Pflanzen." Am Ende hört die Vegetation völlig auf, es ist selbst für genügsame Pflanzen zu kalt und zu windig. Jetzt stolpern sie über loses Geröll und kommen nur sehr langsam voran. Der Staub, den sie aufwirbeln, macht ihnen zu schaffen. Gelegentlich kreuzen sie einen Lavastrom: flüssiges Gestein, das bei einem Vulkanausbruch aus dem Innern der Erde geströmt und jetzt erkaltet ist. Die scharfen Kanten der Lava schneiden in die Schuhsohlen. Schon wird es dunkel und die Nacht bricht herein. Sie müssen im Freien übernachten. Warme Mäntel und Zelte haben sie nicht dabei. Obwohl es mitten im Sommer ist und sie sich schon am Rande der Tropen befinden, wird es empfindlich kalt. „Nur noch fünf Grad Celsius", liest Alexander von seinem Thermometer ab. Die Helfer schimpfen.

Früh um drei Uhr am nächsten Morgen geht der Aufstieg weiter – beleuchtet von Fackeln. Einer der Helfer stolpert und zerbricht die Wasserflaschen. Ein Zurück gibt es für Alexander aber nicht mehr, denn sie sind schon kurz vor der Schneegrenze. Ganz oben am Gipfel ist der Pico del Teide verschneit. Das Tal und die Küste sind nicht mehr zu sehen, denn sie sind schon höher gestiegen als die Wolken, die über Nacht wieder herangezogen sind. Wie ein weißes Meer breitet sich die Wolkendecke unter ihnen aus.
Endlich erreichen sie den Gipfel, der mit vulkanischer Asche und Geröll bedeckt ist. Jetzt haben sich auch die Wolken verzogen, und die Bergsteiger können die ganze Insel unter sich erkennen: die bewohnte Welt der Dörfer und Felder und dann – Stufe für Stufe – die verschiedenen Zonen der Vegetation. Teneriffa erscheint ihnen wie ein gigantischer Berg, der sich aus dem riesigen Ozean erhebt. Auch die anderen Kanarischen Inseln zeigen sich am Horizont: Gran Canaria, Lanzarote, Fuerteventura, La Palma und La Gomera. „Fantastisch", ruft Aimé und kann den Blick gar nicht mehr abwenden von Himmel und Meer. Mein erster Vulkan, denkt Alexander ergriffen. Es soll nicht der einzige bleiben, auf den er in den nächsten Jahren klettern wird.

„Wir konnten auf dem Gipfel des Vulkans die Farbe des azurblauen Himmelsgewölbes nicht genug bewundern.“

So ein Cyanometer benutzte Humboldt auf seinen Reisen, um das Blau des Himmels zu messen.

Doch schon treibt ihn wieder der Wissensdurst. Seine Begleiter sind entsetzt, als er ein Stück in den Krater hineinklettert. Er will eben alles genau wissen, und weil er schon einmal hier oben ist, darf dieser kleine Abstecher nicht fehlen. Es weht ein eisiger Wind, sodass er immer noch friert, obwohl die Sonne jetzt schon hoch am Himmel steht. An einigen Stellen aber dringen so heiße Dämpfe aus den Erdspalten heraus, dass man sich nicht in die Nähe wagen kann, ohne sich die Haut zu verbrennen. Alexander sammelt noch mehr Steine, und in einem Fläschchen fängt er sogar die Luft ein, um sie später auf dem Schiff chemisch zu untersuchen.
Jetzt aber wird es höchste Zeit, zurück in die Ebene zu kraxeln. Der Abstieg ist so beschwerlich wie der Aufstieg, weil sie auf der losen Asche ständig zu Fall kommen. Damit sie es einfacher haben, werfen die Helfer unterwegs viele der Steine weg, die Alexander so mühsam gesammelt hat. Aber das merkt er erst, als es zu spät ist. Denn als sie sich dem Hafen nähern, bekommen sie einen Schreck. Ihr Schiff hat bereits die Segel gesetzt. Rasch gehen sie an Bord, und schon gibt der Kapitän das Kommando zum Ablegen. „Wir müssen los", sagt er, „der Wind steht günstig, und wir haben noch einen weiten Weg vor uns."

Über den Atlantik

Zum ersten Mal auf dem großen Ozean zwischen Afrika und Amerika: drei Wochen lang kein Land in Sicht. Ein paar Tage wird das Schiff noch von den Vögeln der Kanarischen Inseln begleitet, dann bleiben sie zurück. Die See ist ruhig, und die Temperatur bleibt auch nachts angenehm warm. Der Wind bläst so gleichmäßig, dass sich die Matrosen kaum um die Segel kümmern müssen. „Es ist ja fast so, als wenn wir einen Fluss hinabführen", bemerkt Alexander, der sich an die hohen Wellen der Nordsee während seiner Überfahrt nach England erinnert. „Ja", antwortet der Kapitän, „deshalb nehmen schon seit dreihundert Jahren fast alle spanischen Schiffe diese Route nach

Amerika." Auf dem Rückweg allerdings müssten sie einen Kurs weiter nördlich wählen, und da sei es stürmischer. Doch daran will Alexander noch gar nicht denken. Viel zu gespannt ist er erst einmal auf ihr nächstes Reiseziel.

Schon jetzt ist die Reise ungemein aufregend. Regelmäßig misst Alexander die Temperatur von Luft und Wasser, bestimmt die Luftfeuchtigkeit und die Strömungen des Meeres. Wie gewohnt wird alles gewissenhaft im Tagebuch notiert. Die Matrosen tuscheln ängstlich über einen gefährlichen Mahlstrom, eine wirbelnde Strömung im Ozean. Sie soll angeblich die Schiffe auf den Meeresgrund hinabziehen. Alexander misst die Bewegungen der Wellen und des Meeres nun noch öfter, aber eine Gefahr kann er nicht entdecken. Der Ozean ist so ruhig wie immer. „Alles Einbildung und Aberglaube", hält er in seinen Aufzeichnungen fest.

Eines Morgens steht er an der Reling und traut plötzlich seinen Augen nicht. Fliegende Fische springen drei, vier Meter hoch aus dem Wasser. Manche werden von großen Seevögeln geschnappt, andere landen auf dem Deck des Schiffes. Natürlich macht sich Alexander sofort an die genaue Untersuchung dieser seltsamen Meeresbewohner. Er stellt fest, dass sie eine besonders große Schwimmblase haben, die mit Luft gefüllt ist. Deshalb sind sie leichter als andere Fische und können sich mühelos aus dem Wasser katapultieren.

Am schönsten sind die Nächte. Je weiter nach Süden sie segeln, desto stärker verändert sich der Sternenhimmel. Bekannte Sternbilder verschwinden, neue tauchen auf. Weil die Luft über dem Meer klar und sauber ist, sind sie viel deutlicher zu erkennen. Zum ersten Mal sieht Alexander dann auch das Kreuz des Südens, von dem ihm sein Freund Georg Forster so viel erzählt hat. Einer seiner Jugendträume ist damit in Erfüllung gegangen. Die Seeleute an Bord der *Pizarro* haben das Sternbild schon oft gesehen, für sie ist es

„In der Einsamkeit der Meere grüßt man einen Stern wie einen Freund.“

DAS STERNBILD DER SEHNSUCHT

Der Sternenhimmel auf der Südhalbkugel der Erde sieht anders aus als bei uns in Europa, denn man schaut dort in einem anderen Winkel ins Weltall. Das berühmteste Sternbild ist das Kreuz des Südens. Den frühen Seefahrern diente es zur Orientierung auf dem Meer, denn mit seiner Hilfe lässt sich die Südrichtung bestimmen. Bei uns kann man es gar nicht sehen, und deshalb gilt es als Symbol für Fernweh und für Reisen in die Tropen.

ein alter Bekannter. Aber auch sie freuen sich über den Anblick. Denn das Himmelskreuz erinnert sie daran, dass sie bald wieder die exotischen Küsten und die sonnigen Strände der Karibikinsel Kuba sehen und betreten können. Als das Schiff sich dem amerikanischen Kontinent nähert, scheinen die Gefahren der Seereise überstanden. Doch plötzlich bricht unter den Matrosen und Passagieren ein bösartiges Fieber aus. In den schlecht belüfteten Kabinen unter Deck ist es zu heiß und stickig. „Den Leuten fehlt frische Luft“, erklärt Alexander, der sich selbst fast nur oben auf Deck aufhält. Wirksame Medikamente sind nicht an Bord, und so breitet sich das ansteckende Fieber unter den Reisenden aus. Die Kranken müssen so schnell wie möglich an Land und in ein Hospital. Deshalb entscheidet sich der Kapitän, vorläufig nicht nach Kuba zu segeln. Er will stattdessen die nächstgelegene Küste anlaufen. Aber wo liegt die?

PASSATWIND

Ende des 18. Jahrhunderts hatten die Schiffe noch keine Motoren. Voran kamen sie mit Segeln, und deshalb waren sie auf gute Winde angewiesen. Bei der Überquerung des Atlantischen Ozeans machten sich die Seeleute den Passatwind zunutze. Zuverlässig wehte er sie von Europa direkt Richtung Amerika.

Die Seekarten sind damals noch sehr ungenau, manche einfach falsch. Die spanischen, französischen und englischen Karten an Bord widersprechen einander. Alexander hat mit seinen Instrumenten ihren Standort bestimmt. „Neu-Andalusien und der Hafen von Cumaná sind nicht mehr weit“, erklärt er. Aber der Kapitän verlässt sich lieber auf seine Erfahrung. Er belächelt Alexanders Vorhersage, dass sie sich schon nahe der Küste von Südamerika befänden. Doch der behält Recht. Genau einundvierzig Tage nach ihrer Abreise von La Coruña erkennen sie im Dunst die Berge von Neu-Andalusien, das heute Venezuela heißt.

Als sie näherkommen, sehen sie die Kokospalmen, die sich am Strand von Cumaná im Wind wiegen. Die tropische Sonne strahlt ein blendendes Licht aus, die Luft ist brütend heiß. Pelikane, Reiher und Flamingos fliegen umher und bringen die ersten Grüße von einer neuen, ganz anderen Welt. Alexander und Aimé sind vom Fieber verschont geblieben, aber auf der *Pizarro* wollen sie trotzdem nicht nach Kuba weitersegeln. Die Ansteckungsgefahr ist nach wie vor nicht gebannt. „Wieder eine Planänderung“, verkündet Alexander, „aber das sind wir ja schon gewohnt.“

„Die Natur scheint in diesen Klimaten tätiger, fruchtbarer, man möchte sagen, verschwenderischer mit dem Leben zu sein."

Venezuela
Erste Schritte in Südamerika

Alexander und Aimé sind inzwischen gute Freunde geworden. Kaum sind sie in Cumaná an Land gegangen, kommen sie aus dem Staunen nicht heraus. „So viele merkwürdige Bäume, Sträucher und Blumen", wundert sich Aimé, der als Botaniker ja eigentlich viele Pflanzen kennt. Doch hier ist alles neu und anders. Eine farbenprächtige Wunderwelt, in der es sprießt und blüht. Alles ist riesenhaft: die Berge, die Flüsse, die Vegetation. Die Natur wuchert so wild und üppig, dass die Menschen nur mit Mühe in sie vordringen können. Nie zuvor haben die beiden Gefährten etwas Ähnliches gesehen.

Jetzt quartieren sie sich erst einmal in der Hafenstadt Cumaná ein. Von dort aus unternehmen sie trotz der schwülen Hitze jeden Tag Ausflüge in die Umgebung. Sie laufen am Strand entlang, wo die gefiederten Blätter der Palmen sich vom blauen Himmel abheben und im Wind rascheln. Sie klettern auf Hügel und Berge, wo sie sich vor Klapperschlangen in Acht nehmen müssen. Stachlige Kakteen wachsen hier so dicht zusammen, dass sie undurchdringliche Mauern bilden. Sie fahren mit dem Kanu auf Flüssen, in denen Delfine und Krokodile schwimmen. Über ihnen schweben Pelikane, Fischreiher, Albatrosse, Geier und riesige Schwärme bunter Papageien und

Schmetterlinge. Sie steigen in Höhlen, in denen Tausende von Nachtvögeln ihr Quartier haben. Nach Einbruch der Dunkelheit beobachten und vermessen sie die Gestirne. Die stehen hier wieder anders am Firmament als während der Seereise. Sie sehen Sternschnuppen vom Himmel fallen. Und sie freuen sich über Millionen von Glühwürmchen, die um sie herumschwirren.

Am liebsten dringen sie tief in den Regenwald ein. Hier scheint die Natur aus allen Nähten zu platzen, es geht förmlich drunter und drüber. Riesenbäume sind so überreichlich mit Moos, Orchideen und Kletterpflanzen bewachsen, dass man sie trotz ihrer Größe kaum erkennt. Bambusrohre und mächtige Farne machen ein Durchkommen fast unmöglich. Das Blätterdach der Baumkronen ist so dicht, dass auch am Tag tiefe Dämmerung herrscht. Die Wanderer können den Himmel nicht sehen. Aimé ärgert sich darüber, dass er einen großen Teil der Pflanzen nicht mitnehmen kann. Wie soll er die Blätter, Blüten und Früchte von Bäumen erreichen, deren Äste erst in zwanzig Metern Höhe anfangen?

Mit der Hitze kommen sie inzwischen gut zurecht. Wie die Einheimischen fangen sie sogar an zu frieren, wenn das Thermometer „nur" zwanzig Grad anzeigt. Aimé stöhnt allerdings über die schweren Gewitter, die jeden Nachmittag aufziehen. Zwei Stunden lang bringen sie einen gewaltigen Regenguss, der aber nur kurz für Kühlung sorgt. Danach ist die Luft so schwül wie vorher. „Daran musst du dich gewöhnen", erklärt ihm Alexander, „das geht in den Tropen monatelang so."

„Man wird vertraut mit der Vorstellung einer Welt, die nur Pflanzen und Tiere nährt und worin menschliche Freuden und Leiden ihre Jubel- und Klagetöne nie hören ließen."

Die Einwohner von Cumaná wundern sich über den Unternehmungsgeist der Fremden. Sie selbst gehen höchstens auf der Promenade am Meer entlang spazieren. Am liebsten kühlen sie sich bei den heißen Temperaturen im Fluss ab. Am Abend stellen die Erwachsenen Stühle ins Wasser und plaudern bis tief in die Nacht hinein. Die Kinder verbringen sogar einen großen Teil ihres Lebens im Wasser.

Alexanders Instrumente erregen die Neugier der Einheimischen. Warum will der fremde Mann bloß alles ausmessen, wenn er nicht einmal Land besitzt oder Land kaufen möchte? Sucht er etwa Gold? Ein Mensch, der so weit gereist ist, bloß um Pflanzen zu sammeln und Sterne zu beobachten, ist für sie unbegreiflich. Sie staunen über jemanden, der die Natur nicht nur anschaut und bewundert oder für sich nutzbar machen will, sondern verstehen möchte, wie sie funktioniert. „Ich will wissen, wie all die vielen Einzelteile auf unserer Erde zusammenhängen. Ich möchte begreifen, wie das Klima und die Jahreszeiten das Leben der Tiere und Pflanzen bestimmen", erklärt er seinen Gastgebern. Doch die sitzen schon wieder beim Abendessen und schimpfen über die Hitze.

DIE TROPEN
Zu beiden Seiten des Äquators, nördlich und südlich, erstreckt sich die tropische Region. Je nach Höhenlage und Jahreszeit findet man dort üppige Regenwälder, trockene Savannen oder schneebedeckte Gebirge. Venezuela ist eines der wenigen Länder, wo diese drei Landschaftsformen nebeneinander vorkommen.

So sehr ihn die Natur dieser fremden Welt entzückt, so entsetzt ist der deutsche Baron von dem, was er auf dem Marktplatz von Cumaná mitansehen muss. Dort werden jeden Tag Sklaven verkauft. Damit ist Alexander von Humboldt ganz und gar nicht einverstanden. In Afrika fängt man die Schwarzen auf brutale Weise ein und verfrachtet sie auf Schiffe. Wer die Fahrt überlebt, wird auf den Märkten in Amerika an reiche Grundbesitzer verkauft. Im heißen Klima müssen sie dann zwölf Stunden und mehr auf den Feldern schuften. Alexander empört sich über eine solche Behandlung

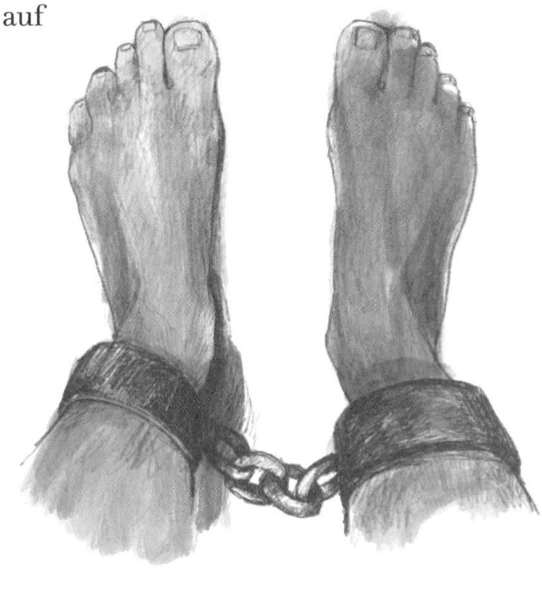

seiner Mitmenschen, doch als Gast in diesem Land kann er nichts unternehmen. Aber sein ganzes Leben lang wird er die Bilder dieser armen Geschöpfe nicht vergessen. Wenn immer möglich, protestiert er gegen diese Form der Ausbeutung von Menschen. Auf ihren Ausflügen treffen die beiden Reisenden auch auf Missionsstationen der spanischen Mönche, die überall im Kolonialreich verbreitet sind. Die Mönche wollen den einheimischen Indianern den christlichen Glauben und die europäische Kultur nahebringen. Dafür siedeln sie sie in kleinen Dörfern im Urwald an, lassen sie Häuser bauen und Landwirtschaft betreiben. Ein schönes Beispiel christlicher Nächstenliebe, könnte man meinen. Doch Alexander bemerkt immer wieder, dass die Indianer damit gar nicht glücklich sind. Sie würden lieber wie gewohnt frei und ungebunden im Urwald leben und dort auf die Jagd gehen.

„Zum ersten Mal misstraut man dem Boden, worauf man lange Zeit mit Zuversicht wanderte."

Eines Tages erleben Alexander und Aimé ihr erstes Erdbeben. Es ist nicht besonders stark, aber der Schreck fährt ihnen gewaltig in die Glieder. Ein kräftiger Stoß erschüttert den Untergrund. Das feste Fundament der Erde ist gar nicht so solide, wie sie immer geglaubt haben. Während Aimé noch vor Angst zittert, hat sich Alexander schon vom ersten Schreck erholt. Er kramt seine Instrumente hervor und beginnt sogleich mit Messungen von Temperatur, Luftfeuchtigkeit und Magnetismus. Akribisch notiert er, was sich durch das Erdbeben verändert hat. Im Verlauf ihrer langen Reise werden sie in anderen Teilen Amerikas noch viele Erdstöße erleben und sich daran gewöhnen. Sie werden darüber nicht mehr erschrecken als in ihrer Heimat bei einem Donnerschlag. Nachts bleiben sie sogar einfach im Bett liegen, wenn das unterirdische Getöse beginnt und den Erdboden erschüttert. Aber sie haben auch Glück, denn sie erleben nie ein so starkes Beben, das eine ganze Stadt zerstören kann.

ERDBEBEN

Unsere Erde besteht aus riesigen Gesteinsplatten, die sich langsam in verschiedene Richtungen bewegen. An manchen Stellen stoßen sie zusammen, schieben sich übereinander, pressen sich gegeneinander. Wenn der Druck zu groß wird, kommt es im Erdinnern zu einem gewaltigen Ruck. Die Erschütterung setzt sich fort bis an die Erdoberfläche, wo der Boden dann rüttelt und bebt.

Alexander hat schon eine Weile darüber nachgedacht, jetzt bespricht er die Idee mit seinem Gefährten: Bevor sie weiter nach Kuba segeln, will er weg von der Küste und tief hinein in das Innere von Venezuela. „Hatten wir hier nicht genug Abenteuer?“, fragt Aimé. „Aber nein“, widerspricht Alexander, „es gibt noch so viel zu entdecken. Und außerdem wollen wir ein großes Rätsel lösen.“ – „Was für ein Rätsel?“ – „Das erzähle ich dir später.“ Und so geht es los auf die nächste Etappe ihrer Reise – mitten hinein in das unbekannte Südamerika.

Eine Wasserstraße im Urwald

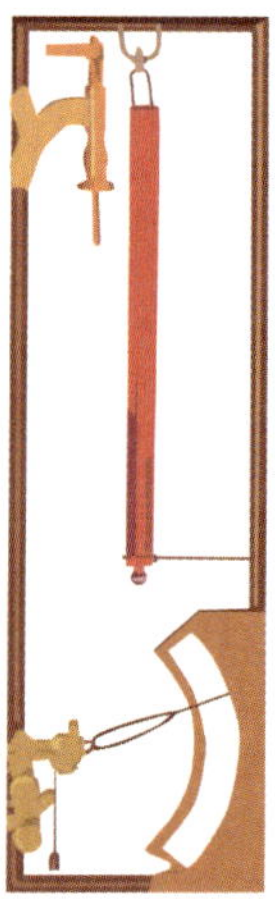

Haarhygrometer zur Messung der Luftfeuchtigkeit

Mit ein wenig Wehmut verlassen die Gefährten Cumaná. Bloß fünf Monate sind sie hier gewesen und fühlen sich doch schon wie zu Hause. Schließlich haben sie an dieser Küste die ersten Schritte auf dem unbekannten Kontinent gemacht, und Alexander wird sein ganzes Leben lang eine Sehnsucht nach diesem Teil von Venezuela verspüren. Doch jetzt heißt es aufbrechen.

Ihr Ziel ist der große Strom Orinoco, der quer durch den Norden von Südamerika fließt. Er bietet die einzige Möglichkeit, in den undurchdringlichen Dschungel in der Mitte des Kontinents vorzudringen. Um dorthin zu gelangen, müssen sie allerdings die Llanos durchqueren, eine ausgetrocknete Savanne ohne Baum und Strauch. Sie ist so eben und eintönig, dass sie den Reisenden wie ein Ozean erscheint. Nur selten zeigt sich der Schatten einer winzigen Wolke. In der Trockenzeit bekommt die Erde Risse, sogar das Gras zerfällt zu Staub.

Für Menschen, Pferde und Maulesel ist die Durchquerung der Llanos eine enorme Strapaze. Wasser und Vorräte für drei bis vier Wochen sind nötig, um in dieser kargen Landschaft zu überleben. Außerdem ist es schwierig, all die vielen Geräte und Messinstrumente in der brütenden Hitze zu transportieren. Sie müssen obendrein vor den dauernden Staubwirbeln und Sandstürmen

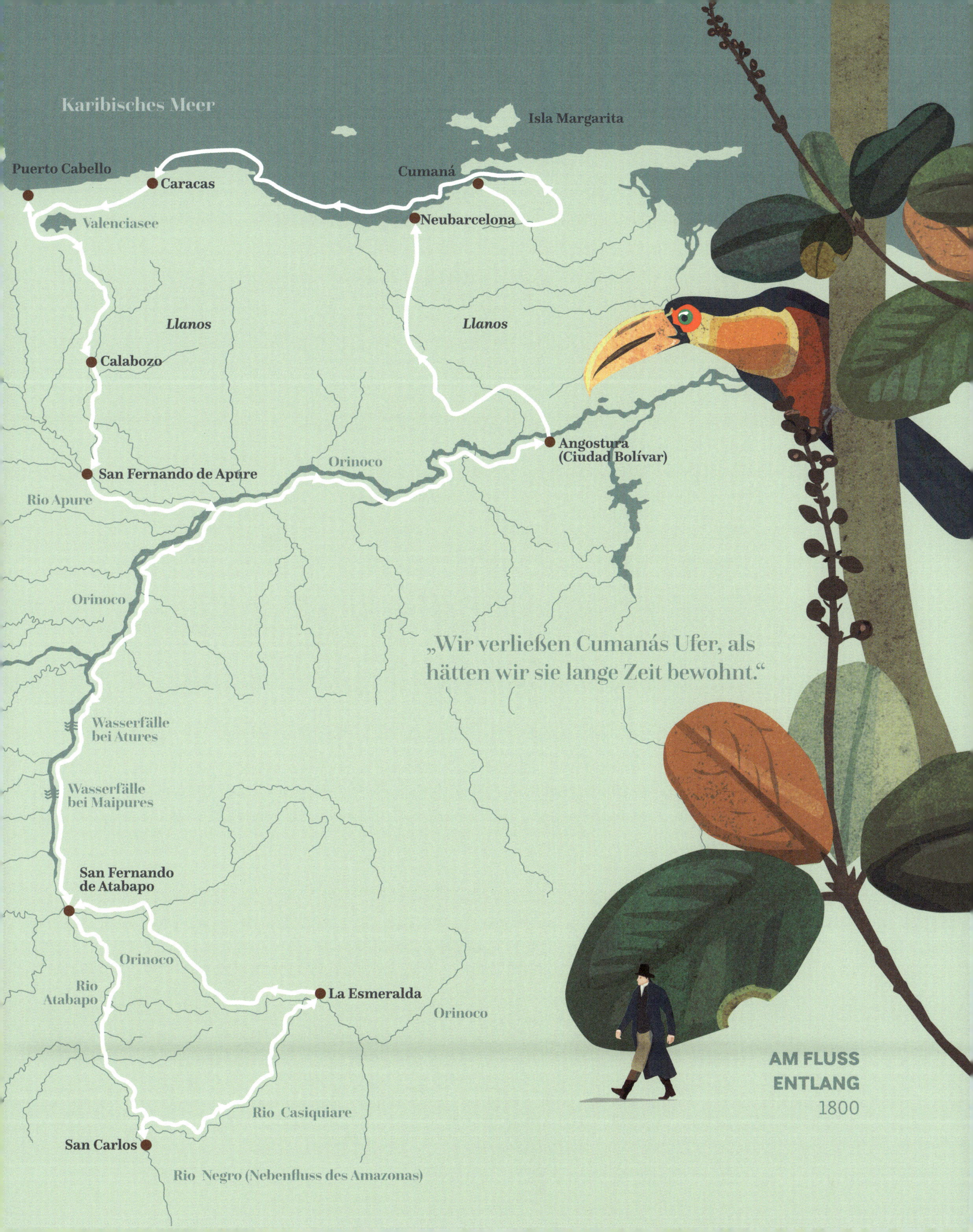

„Wir verließen Cumanás Ufer, als hätten wir sie lange Zeit bewohnt."

AM FLUSS ENTLANG

1800

geschützt werden, die über die flache Ebene fegen. Zum Glück konnte Alexander schon die vielen bisher gesammelten Steine und Pflanzen nach Europa schicken. Ein zuverlässiger Bekannter hat sie von Cumaná aus mitgenommen. So ist Platz geschaffen für neue Fundstücke. Allerdings sehen sie jetzt erst einmal tagelang nur trockenes Gras. Wegen der glühenden Sonne reiten sie hauptsächlich während der Nacht. Manchmal treffen sie tatsächlich auf einen Teich oder ein kleines Flüsschen. Gern würden sie sich hineinwerfen und ein erfrischendes Bad nehmen. Doch ihre einheimischen Begleiter warnen: Krokodile!

In anderen Gewässern entdecken sie ein ganz kurioses Tier: den Zitteraal. Wer ihn berührt, bekommt einen kräftigen Stromstoß. Das scheint unglaublich, doch Alexander lässt sich die Gelegenheit nicht entgehen, das fremdartige Lebewesen genau zu untersuchen. Und tatsächlich: Die Aale senden so starke Stromstöße aus, dass sie sogar Pferden gefährlich werden können. „Das sind ja lebendige elektrische Apparate“, wundert sich Alexander. Trotz des mühseligen Fortkommens ist er begeistert von dieser Landschaft. Kein Berg und kein Hügel verhindern den Blick in alle Richtungen bis zum Horizont. „Ja, das mag alles öde und eintönig aussehen“, sagt er zu Aimé, „aber ich liebe diese endlose Weite.“ Es scheint, als wenn hier die Welt ewig so weiterginge.

Doch plötzlich ändern sich Landschaft und Klima wieder. Die Regenzeit beginnt mit einem großen Donnerwetter. Es wird feucht und nun tauchen auch wieder Bäume auf. Sie haben den Regenwald und einen Nebenfluss des mächtigen Orinoco erreicht. In einer winzigen Siedlung treffen sie auf ein paar Mönche, die schon lange Zeit keinen Europäer mehr gesehen haben.

Jetzt heißt es, ein möglichst großes Kanu zu finden und zu beladen. Die wertvollen Instrumente müssen auf dem wackligen Boot ganz besonders gesichert werden. Außerdem brauchen sie wieder Vorräte für einige Wochen: Mehl, Eier, Bananen, Kakao und auch ein paar lebende Hühner. Ob sie unterwegs jagen oder genießbare Fische angeln können, ist nicht sicher. Es ist vollkommen ungewiss, was die Reisenden erwartet. In diese Gegend ist bisher kaum ein weißer Mann vorgedrungen. Nur ab und zu werden sie zu einer kleinen Missionsstation kommen, wo jemand ihre Sprache versteht. Einheimische Führer, die sich auskennen, gibt es nicht. Zuverlässige Landkarten hat bisher niemand gezeichnet. Das wird eine von Alexanders wichtigsten Aufgaben sein. Wie gut, dass er ein so begabter, geübter Zeichner ist. Schon als Schüler hatte er Freude daran. Seine Eltern hatten ihm ermöglicht, bei den besten Lehrern Unterricht zu nehmen.

Die Fahrt auf dem Fluss ist spannender als die Reise durch die Llanos, aber auch noch gefährlicher. Die Krokodile, die am Ufer dösen oder im Fluss schwimmen, sind nicht zu zählen. Riesenschlangen schlafen auf den Bäumen oder schlängeln sich im Wasser. Jaguare schleichen durch den Dschungel. Entwurzelte Stämme von Riesenbäumen schwimmen auf dem Fluss und drohen, mit dem Kanu zusammenzustoßen.

Langsam werden die beiden Abenteurer mutiger. Während sich einer im Fluss wäscht, passt der andere auf. Das funktioniert. Immer wieder kontrolliert Alexander auch den Geschmack des Flusswassers und notiert die Änderungen. Dann endlich erreichen sie den Hauptstrom des Orinoco.

Dort wird die Reise noch beschwerlicher, denn nun geht die Fahrt stromaufwärts. Wenn der Wind ungünstig ist, müssen die indianischen Begleiter gegen die Strömung paddeln. Ab und zu schwimmen sie auch an Land und ziehen das Boot eine Weile an einem Tau. Der Fluss ist gewaltig, er kommt ihnen vor wie ein See. An manchen Stellen misst Alexander eine Breite von mehr als fünf Kilometern. Nur selten können sie ins Landesinnere vorstoßen, denn am Ufer wächst ein undurchdringlicher Urwald aus Bäumen, Sträuchern und

„Nicht ohne Rührung entdecken
wir zum ersten Mal nach
langem Harren die Gewässer
des Orinoco."

Kletterpflanzen. Sie bilden eine dichte grüne Mauer. Dahinter beginnt ein so kunterbunter, wild wuchernder Lebensraum wie kaum sonst auf der Welt. Unzählige Tiere und Pflanzen, Tausende von unbekannten Arten, versuchen sich gegenseitig zu verdrängen. Alle fressen und werden gefressen. Es ist die Natur in ihrer wilden, ungezähmten Form. Hier hat der Mensch noch nicht das Sagen. Er ist nur ein winziger, völlig unbedeutender Teil der Natur. „Dem Urwald sind wir egal“, bemerkt Alexander.

„Vielleicht doch nicht“, entgegnet Aimé. Denn rund um die Uhr werden die Reisenden auf dem Fluss von Moskitos bedrängt. Sie sind eine schreckliche Plage. „Hier gibt's mehr Mücken als Luft“, stöhnen sogar die Indianer. Man kann sie auch mit wildem Fuchteln von Händen und Armen nicht abwehren. Sie kriechen in Ohren und Nase und stechen sogar durch die Kleidung hindurch. Schon nach den ersten Tagen haben die Männer unzählige Stiche auf der Haut. Es juckt erbärmlich, sie können kaum schlafen. Der Saft von Zitronen und Ananas lindert den Juckreiz zumindest ein wenig. Irgendwann schließlich haben sie sich an die Plage gewöhnt. Dafür werden sie in der Nacht geweckt, wenn die Jagd der Jaguare losgeht und die Tiere sich durch lautes Geschrei gegenseitig warnen. Der ganze Urwald versinkt dann in Aufruhr und Krawall.

Die Lösung eines geografischen Rätsels

Träge und breit fließt der Orinoco durch den Urwald. Doch irgendwann stromaufwärts ist er zwischen zwei Bergketten eingezwängt. Und da stehen den Reisenden plötzlich gefährliche Stromschnellen und Wasserfälle im Weg: die Katarakte von Atures und Maipures. Mehrere Kilometer weit stürzt der Fluss über steinerne Stufen, Felsbrocken und Klippen. „Das sieht ja aus wie ein Meer aus Schaum“, ruft Alexander begeistert.

Der Anblick dieses wilden Wassersturms ist grandios, doch er bringt auch Probleme mit sich. Das Kanu muss entladen, sämtliches Gepäck mühsam auf

dem Landweg transportiert werden. Wenn möglich, zerren die Männer das leere Boot an einem Tau durch die wirbelnden Wassermassen. An einigen Stellen aber müssen sie es aus dem Fluss ziehen und über Land voranschleifen. Tagelang kommen sie nur sehr mühsam voran, bis die Expedition oberhalb der Wasserfälle angekommen ist. Aber es gibt auch einen Vorteil: Weil sich in dem reißenden Wasser weder Krokodile noch Schlangen aufhalten, können die Gefährten endlich einmal in Ruhe baden.

In Alexander regt sich natürlich gleich wieder der Forscher- und Erfindergeist. Er überlegt, wie sich das Flusswasser ableiten ließe, um einen Kanal zu schaffen. Dann könnten Schiffe die Wasserfälle ohne Probleme umgehen. Den Plan hat er schon im Kopf. Später schlägt er seine Idee dem Gouverneur von Venezuela vor, doch bis heute hat sich niemand an die Aufgabe herangewagt.

Von all den Widrigkeiten lassen sich die beiden Forscher nicht von ihrer Arbeit abhalten. Bei Tag und Nacht belauschen und beobachten sie aufmerksam ihre Umgebung. Alexander misst immer wieder Wasser- und Lufttemperatur und versucht, ihre genaue geografische Position zu bestimmen. In mehreren Käfigen haben sie schon einen kleinen Zoo aus Vögeln und Affen zusammen. Aimé sammelt so viele Pflanzen wie möglich. „Schade, schade", murmelt er aber den halben Tag lang vor sich hin, denn die schönsten und buntesten Exemplare von Blüten und Blättern wachsen nach wie vor unerreichbar weit oben in den Baumkronen.
Immerzu hören sie das Gezwitscher von Vögeln, die sie nicht sehen können, und das Gebrüll von Affen, die unsichtbar im Urwald herumtoben. Gern würden die beiden Forscher sie genauer in Augenschein nehmen. Aber zu nahe

darf man den Tieren des Dschungels auch nicht kommen. Das erfährt Alexander, als sie eines Tages ein Stück an Land gehen können. Da steht er plötzlich einem Jaguar gegenüber. Wie die Einheimischen ihm geraten haben, begibt er sich langsam und vorsichtig auf den Rückzug. Bloß nicht umschauen! Es geht noch einmal gut.

Jetzt wird es auch langsam Zeit, sich mit einem wundersamen geografischen Rätsel zu beschäftigen: Schon lange gibt es das Gerücht, dass die beiden großen Flüsse Südamerikas, der Orinoco und der Amazonas, durch einen natürlichen Kanal verbunden sind. Das würde bedeuten, dass man per Schiff quer durch den Kontinent von Venezuela nach Brasilien reisen könnte. Mehrere spanische Missionare haben behauptet, dass sie diesen Wasserweg gesehen und benutzt haben. Casiquiare haben sie ihn genannt.

Aber jeder hat davon eine andere Karte gezeichnet. Zu verwirrend sind die vielen Flüsse, die sich durch den Urwald schlängeln. In Europa bezweifelt man deshalb ihre Angaben, nennt sie einen geografischen Unfug. „Das wäre ja, als wenn der Rhein und die Donau eine natürliche Verbindung hätten", spotten die Gelehrten.

Alexander hält dagegen. „Warum soll es auf dem neuen Kontinent nicht etwas anders zugehen als in der alten Welt, die wir kennen?", fragt er sich und seinen Reisegefährten Aimé. Dem ist die Sache ziemlich egal. Aber er macht natürlich mit bei der Suche nach dem Casiquiare. Bei kleineren Missgeschicken im Kanu hat er in den letzten Wochen immer wieder einen Teil seiner Sammlung verloren. Und so freut er sich auf neue Gelegenheiten, weitere Pflanzen zu zu botanisieren.

CHRISTOPH KOLUMBUS
Die Reisen des italienischen Seefahrers in spanischen Diensten haben den amerikanischen Kontinent zum ersten Mal in Europa bekannt gemacht. Doch hat er das selbst gar nicht bemerkt, denn er suchte einen Seeweg nach Asien. Als er 1492 nach wochenlangem Segeln auf Land traf, hielt er es für die Ostküste von Indien. Erst nach seinem Tod wurde klar, dass er auf einen für die Europäer unbekannten Kontinent gestoßen war: Amerika.

Immer weiter fahren sie flussaufwärts durch das Gewirr der Urwaldflüsse. Und schließlich treffen sie tatsächlich auf den Casiquiare. „Das ist aber gar kein Kanal", stellt Alexander fest, „das ist ein Teil des Orinoco." Der große Strom teilt sich nämlich bei La Esmeralda: Östlich fließt er als Orinoco weiter durch Venezuela, südlich als Casiquiare Richtung Amazonas nach Brasilien. Alexander bestimmt die genaue geografische Lage der Gabelung. Und er zeichnet auch die erste zutreffende Karte von der Verbindung zwischen Orinoco und Amazonas.

„Wenn die spanische Regierung davon erfährt, dann wird hier ein großer Handelsweg entstehen", vermutet Alexander. Dann könne man Waren vom Norden Südamerikas leicht ins Zentrum des Kontinents transportieren und umgekehrt. An der Gabelung werde deshalb schon bald eine große Stadt zu finden sein. Doch da irrt er sich. Viel zu abgelegen ist die Gegend, viel zu unerträglich sind Klima und Mückenplage. Bis heute, mehr als zweihundert Jahre nach Alexander von Humboldts Reise, ist dieser Teil von Venezuela eine Wildnis im Regenwald geblieben. Die beiden Reisenden haben jetzt die Wahl: Nehmen sie den rechten Arm des Orinoco, dann können sie zu ihrem Ausgangspunkt an der Küste von Venezuela zurückkehren. Fahren sie auf dem linken Arm, dem Casiquiare, kommen sie auf unerforschten Wegen nach Brasilien. Sie entscheiden sich für die Rückkehr auf dem bekannten Weg. So können sie ihre Sammlungen und Notizen sicherer an die Küste bringen und nach Europa zurückschicken.

DAS SPANISCHE KOLONIALREICH

Schon bald nach Kolumbus' erster Reise machten sich die Spanier an die Eroberung des neu gefundenen Kontinents. Auf der Suche nach Gold und Silber bekämpften und unterwarfen sie ein Volk nach dem anderen. Zeitweilig beherrschten sie fast den ganzen Kontinent von Alaska bis Feuerland. Erst zu Beginn des 19. Jahrhunderts sagten sich die Kolonien von ihrem Mutterland Spanien los. Es entstanden die vielen Staaten, die wir heute kennen: von Mexiko bis Chile, von Kuba bis Argentinien.

Auf dem Rückweg flussabwärts kommen sie viel schneller voran. Die Strömung trägt sie mit, auf das Paddeln können sie die meiste Zeit verzichten. Schließlich kommen sie in der Provinzhauptstadt Angostura an, die heute Ciudad Bolívar heißt. Fast drei Monate sind sie auf den Flüssen Venezuelas unterwegs gewesen und haben mehr als zweitausend Kilometer zurückgelegt. Jetzt haben sie zum ersten Mal wieder ein festes Dach über dem Kopf. Sie freuen sich über die kleinsten Bequemlichkeiten der Zivilisation. Ein trockenes Bett und ein frisches Brot erscheinen ihnen wie ein Wunder.

Ausgerechnet jetzt, als die schlimmsten Strapazen überstanden scheinen, wird Aimé krank. Ein schweres Fieber lässt die Ärzte ratlos. Hat er es aus dem

Urwald mitgeschleppt? War der Abstecher zum Casiquiare schuld? Wird er sterben? Alexander macht sich Vorwürfe, dass er ihn ermuntert hat, ihn so weit zu begleiten. Aimé aber verliert weder den Mut noch seine gute Laune. Es dauert zwar sechs Wochen, doch schließlich hat er die Krankheit überstanden. Jetzt können sie ihren Weg an die Küste fortsetzen.

Wieder müssen sie durch die Llanos, diese schier endlose Ebene. Doch sie ist kaum wiederzuerkennen. Denn diesmal ist sie nicht ausgedörrt, sondern nach der Regenzeit überschwemmt. Gigantische Seen und breite Flüsse befinden sich dort, wo vor vier Monaten nur Steppe war. Plötzlich sind auch viel mehr und ganz andere Tiere zu sehen als vorher. „Das bestätigt eine der Grundregeln der Natur", erklärt Alexander seinem Freund. „Wenn sich ein wichtiges Element ändert, dann hat das auch Auswirkungen auf alle anderen Teile der Pflanzen- und Tierwelt." Eins aber sei doch gleich geblieben, antwortet Aimé, der weite Blick in die Ferne. „Endlich mal wieder ringsum freie Sicht!"

„Einfache Wohnhäuser dünkten uns jetzt prächtig, und alle Menschen, mit denen wir sprachen, kamen uns geistreich vor."

An der Küste angekommen, müssen die beiden noch einmal mehrere Wochen warten, bis sie ein Schiff finden, das sie mitnimmt. Sechzehn Monate haben sie in Venezuela verbracht, und nun wollen sie über Kuba und Mexiko zu den Philippinen. Aber aus diesem Plan wird wieder nichts.

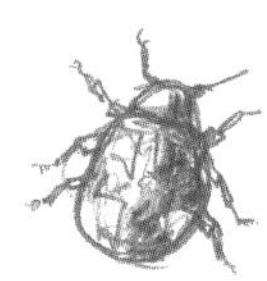

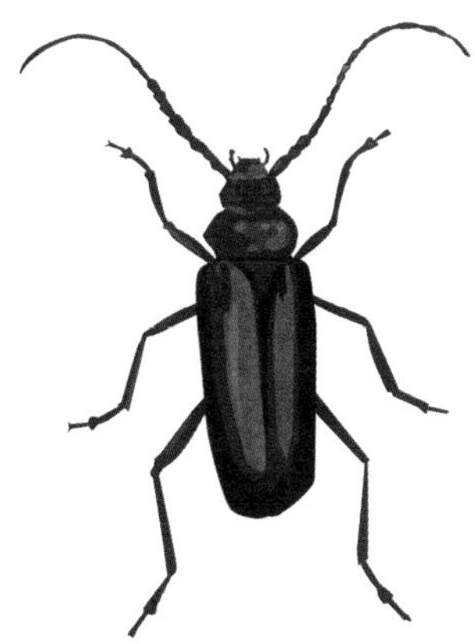

In den Anden
Von der Hitze in die Kälte

Kaum haben Alexander und Aimé die kubanische Hauptstadt Havanna erreicht, erfahren sie, dass eine französische Expedition nach Südamerika abgesegelt sei und von dort weiter nach Australien wolle. Es wäre die Chance für eine Reise um die Welt. „Da müssen wir unbedingt dabei sein", meint Alexander. „Ob die uns überhaupt mitnehmen?", fragt sein Gefährte, „und wo wollen wir sie treffen?" Die Fragen sind berechtigt, aber Alexander lässt solche Einwände nicht gelten: „Wir reisen an die Küste von Peru, nach Lima. Dort werden wir bestimmt auf die Franzosen treffen." Und Aimé lässt sich wieder einmal von der Begeisterung seines Reisegefährten anstecken.
Ihre Sammlungen und Notizen wollen sie auf diesem ungewissen Umweg nicht mitnehmen. Einen Teil schicken sie deshalb per Schiff nach England, einen anderen nach Frankreich, und der dritte bleibt erst einmal in Kuba. Wenn auf einer der Seereisen etwas verloren gehen sollte, dann haben sie immer noch die restliche Sammlung.
So machen sich die beiden beruhigt auf den Weg nach Peru. Ein paar Wochen später aber erfahren sie zu ihrer großen Betrübnis, dass das Expeditionsschiff der Franzosen einen ganz anderen Weg genommen hat. Es wird gar nicht

nach Lima kommen. Aber da haben sie bei der Hafenstadt Cartagena schon wieder die Nordküste von Südamerika erreicht. Sie sind in Kolumbien, das die Spanier damals noch Neu-Granada nennen. Was also tun?
„Wir machen jetzt etwas ganz anderes. Wir erkunden das Hochgebirge der Anden", entscheidet Alexander. Sein Freund hat sich an die dauernden Planänderungen inzwischen gewöhnt. „Also gut, warum nicht", sagt er. Schließlich sind die Anden die längste Gebirgskette der Welt – sie erstrecken sich mehr als siebentausend Kilometer von der Karibikküste Südamerikas bis nach Feuerland. Auch dort wird Aimé sicher viele neue Pflanzen entdecken.
Um vom Meer aus in die Berge zu kommen, fahren sie zuerst mit einem Kanu den großen Fluss Magdalena hinauf. Was sie dort erleben, das kennen sie schon: zwei Monate lang nichts als Urwald, schwüle Hitze, Krokodile und natürlich die unausstehlichen Moskitos.

ELDORADO
Die Spanier beuteten ihre amerikanischen Kolonien rücksichtslos aus. Besonders besessen waren sie von der Jagd nach Gold. Als sie den einheimischen Völkern der Inkas und Azteken alles verfügbare Gold abgenommen hatten, wollten sie noch mehr. Fieberhaft machten sie sich auf die Suche nach Eldorado, der Legende nach ein Goldland mit sagenhaften Schätzen – natürlich ohne Erfolg. Doch sie suchten gierig weiter: in den Anden zwischen Kolumbien und Peru, in den Urwäldern von Venezuela und Bolivien. Überall vergeblich.

Als sie endlich den Fluss verlassen können und in die Berge aufsteigen, fühlen sie sich von diesen Übeln befreit. Doch bald merken sie, dass die Reise auch nicht leichter wird. Sie marschieren über schmale, holprige Pfade. Immerzu bergauf. Es geht durch enge, düstere Hohlwege. Vor vielen Jahrhunderten sind hier schon die Krieger des Inkavolkes hinaufgeklettert. Aber das waren zähe Indianer, die an solche Anstrengungen gewöhnt waren. Alexander und Aimé dagegen haben sich monatelang kaum bewegt. Sie waren immer nur auf Schiffen eingepfercht und haben in Kanus gesessen.
Nachts wird es eisig kalt. Je höher sie kommen, desto weniger Sauerstoff enthält die Luft. Das Atmen fällt schwerer, sie bekommen Kopfschmerzen. Aber an die dünne Luft gewöhnt man sich langsam. Die Einheimischen leben ja auch hier. Und die fühlen sich auf ihren Bergen ziemlich wohl.
Das merken die beiden Reisenden, als sie auf zweieinhalbtausend Meter Höhe eine weite Ebene erreichen. Dort liegt die spanische Kolonialstadt Bogotá, die

SIMÓN BOLÍVAR

Zwei Jahrzehnte nach Humboldts Besuch in Bogotá wurde die Stadt zum Hauptquartier des Generals Simón Bolívar. Jahre zuvor hatte er Humboldt in Paris getroffen und mit ihm über die Lage in Südamerika diskutiert. Jetzt verlangte Bolívar die Befreiung des Kontinents von der spanischen Herrschaft. Mit seinen Truppen kämpfte er so erfolgreich gegen die Spanier, dass ein großer Teil des Kontinents tatsächlich unabhängig wurde.

Bogotá

heute die Hauptstadt des Staates Kolumbien ist. Hier genießen die Leute das Leben und feiern gern Feste. Sie haben sogar schon vom inzwischen berühmten Baron Alexander von Humboldt gehört. Denn über dessen Südamerikareise berichten die Zeitungen im ganzen spanischen Kolonialreich. Nun freuen sie sich, dass er auch sie besucht. Alexander und Aimé werden zu den vornehmsten Familien eingeladen und müssen von ihren Abenteuern erzählen. Die wundern sich darüber, was die Fremden alles erlebt und überstanden haben. Und manchmal glauben die beiden Freunde es selbst nicht.

Aber auch die Bewohner der Anden können unglaubliche Geschichten erzählen. So berichten sie vom geheimnisvollen Guatavita-See. Auf dessen Boden liegen angeblich ungeheure Goldschätze. Die Indianer sollen vor langer Zeit Goldstaub und goldenes Geschirr dort versenkt haben, um ihre Götter gnädig zu stimmen. Aber bisher hat niemand wirklich etwas gefunden, obwohl die Spanier schon einmal einen Kanal gegraben und das Wasser des Sees abgelassen haben. Alexander misstraut solchem Gerede sowieso. Den See, der im ganzen Land so berühmt ist, schaut er sich trotzdem einmal an. Gold findet auch er nicht.

Ihre Reise aber soll nun endlich weitergehen. Deshalb verabschieden sich Alexander und Aimé von den freundlichen Menschen in Bogotá. Man gibt ihnen eine Gruppe von Trägern, ein Dutzend Maultiere und ausreichend Verpflegung mit. So können sie ihre Gerätschaften durch die wilde Berglandschaft transportieren. Auch ihre Sammlungen von Mineralien und Pflanzen sind seit der Reise auf dem Magdalena-Fluss schon wieder kräftig angewachsen.

Die Wege durchs Andengebirge führen ständig steil bergauf und bergab. Mal müssen die Reisenden tropisch heiße Täler durchqueren. Dann wieder klettern sie auf Berge und Passhöhen, über die eisige Stürme wehen. Sie kommen an gefährlichen Abgründen vorbei, und Alexander hat oft Angst um seine wertvollen Instrumente. Doch die Maultiere kennen den Weg und machen keinen Fehltritt.

Beobachtet werden sie in der Höhe von mächtigen Kondoren, den großen Greifvögeln der Anden. Gern würden sie sie einmal aus der Nähe betrachten, doch diese Herrscher der Lüfte schweben am liebsten rund um die felsigen Spitzen des Gebirges. Von ihrem Ausguck ganz weit oben scheinen die Kondore darüber zu wachen, dass die kleine Schar der Reisenden wohlbehalten an ihrem nächsten Ziel ankommt: Quito, einer hübschen Stadt, die umgeben ist von mächtigen Vulkanen.

Das Dach von Südamerika

Vulkane! Davon war Alexander schon während seiner Studienzeit fasziniert. Und seit dem Besuch des Pico del Teide auf Teneriffa haben ihn die rauchenden und brodelnden Berge noch mehr in ihren Bann geschlagen. Doch was er hier auf dem Dach von Südamerika sieht, übertrifft all seine Erwartungen. Quer durch das Land, das heute Ekuador heißt, verläuft ein Hochtal, und an beiden Seiten ragen die schneebedeckten Gipfel in

„In dem Maße, wie man das Plateau der Anden ersteigt, schwinden diese Plagen. Der Mensch atmet wieder eine frische und reine Luft."

Quito

die Höhe. Ein Vulkan reiht sich hier neben den anderen. „Das ist ja eine richtige Allee von Vulkanen“, ruft Alexander begeistert aus. Jetzt ist er froh, dass er sich nicht beeilen muss, um die französische Expedition im Hafen von Lima zu erreichen. Stattdessen macht er sich in aller Ruhe an die Erkundung dieser bergigen Wunderwelt. Und das bedeutet natürlich: nicht bloß aus sicherer Entfernung anschauen, sondern hinaufklettern. Vielleicht kann er auf diese Weise mehr darüber lernen, wie es im Inneren der Erde aussieht und wie die Gebirge entstanden sind. Ein halbes Jahr lang kraxelt er auf einen Vulkan nach dem anderen. Er hat so viel Energie, dass Aimé zwischendurch aufgeben und die eine oder andere Exkursion auslassen muss. Dann findet Alexander einen oder mehrere Begleiter unter den Einheimischen in Quito.

Solche Unternehmungen sind freilich nicht ungefährlich. Manche Vulkane sind seit vielen Jahrtausenden erloschen, andere scheinen sich nur in einer Art vorübergehendem Schlaf zu befinden. Aber die meisten brodeln und kochen in ihrem Inneren. Manche schicken regelmäßig Rauchfahnen in den Himmel.

„In Ländern, wo die Natur so mächtig und furchtbar erscheint, ist der Mensch ständig gerüstet, Gefahren zu bestehen."

Andere spucken mit riesigem Druck Lava und Gestein an die Erdoberfläche. Pichincha, Antisana, Iliniza, Cotopaxi, Chimborazo – schon die Namen der Berge faszinieren die beiden Forscher aus Europa. Mehr als fünftausend Meter sind sie hoch. Oft aber ist der Gipfel der Vulkane unerreichbar, weil tiefer Schnee oder gefährliche Gletscherspalten ein Weiterkommen verhindern. Wenn Alexander es bis hinauf zum Krater schafft, dann schaut er hinein in einen Kochtopf der Erdgeschichte. Blaue Flammen flackern am Grund. Aus Felsspalten zischt heißer Dampf, und giftige Schwefelgase steigen in die Luft. Weil er nicht nur mutig, sondern auch vorsichtig genug ist, übersteht Alexander seine Vulkanabenteuer gesund und unbeschadet.

Er ist nun ein Vulkan-Experte. Niemals vor ihm hat ein Mensch so viele feuerspuckende Berge erklettert und untersucht. Er ist wahrscheinlich auch der erfahrenste Bergsteiger seiner Zeit. Dabei hat er noch nicht einmal eine vernünftige Kletterausrüstung: kein Seil, keinen Eispickel, keine festen Bergschuhe. Trotzdem fühlt er sich gut genug gerüstet, um den legendären Chimborazo zu besteigen. Dieser Vulkan ist über 6 300 Meter hoch. Damals halten ihn alle Geografen in Europa und Amerika für den höchsten Berg der Welt. Von den höheren Gipfeln im Süden des Andengebirges oder gar den Bergriesen im Himalaya ist noch kaum etwas bekannt.
Im Juni 1802 machen sich Alexander und Aimé mit ihren Begleitern auf den Weg. Zuerst steigen sie langsam aus dem feuchtheißen Tal bergauf in kühlere Regionen. Als sie den Wald verlassen, liegt der verschneite Gipfel des Berges direkt vor ihren Augen. Aber es ist noch ein weiter Weg bis nach oben. Irgendwann wird der Pfad so steil, dass sie ihre Maultiere zurücklassen müssen. Einige Stunden später kommt Nebel auf, es beginnt zu schneien. Von der Kälte werden Hände und Füße langsam taub. Die einheimischen Träger weigern sich, weiterzugehen, und bleiben zurück. „Davon lassen wir uns nicht aufhalten“, bestimmt Alexander. Die beiden Freunde schleppen nun ihre

DIE HÖCHSTEN BERGE

Heute weiß man es genau: Mehr als zwanzig Berge in Südamerika sind höher als der Chimborazo. Der höchste Gipfel des gesamten Kontinents ist der Aconcagua (6962 Meter) auf der Grenze zwischen Argentinien und Chile. Der höchste Berg von Nordamerika, der Denali in Alaska, erreicht nur 6190 Meter. Die wahren Riesen mit über 8000 Meter Höhe stehen im Himalaya-Gebirge in Asien.

Verpflegung und die wichtigsten Geräte selbst. Manchmal müssen sie beim Klettern die Hände zu Hilfe nehmen und auf allen Vieren krabbeln. Der Sauerstoffmangel macht sich bemerkbar. Sie atmen langsam und tief ein, und doch bekommen sie nicht genügend Luft in ihre Lungen. Die Höhenkrankheit bereitet ihnen Kopfschmerzen und Übelkeit.
Doch auch jetzt ist Alexander von schier unermüdlichem Forschungsdrang beseelt. Ohne Unterlass untersucht und sammelt er Bodenproben. Zwischendurch baut er seine Instrumente auf und misst Temperatur, Feuchtigkeit und Luftdruck. Und wieder erkennt er bei dem Blick von oben ins Tal, dass Klimazonen und Vegetation sich auf der Erde nicht nur von Norden nach Süden verändern. Je nach Höhenlage können sie sich auch an ein und demselben Ort sehr stark unterscheiden. In nur drei Tagen haben sie auf dem Chimborazo den Weg von der tropischen Hitze in die polare Kälte zurückgelegt.
Plötzlich reißt die Nebeldecke auf. Sie können den Gipfel deutlich vor sich erkennen. „Noch fünfhundert Meter sind es bis nach oben", schätzt Alexander. Doch nun sieht er auch das Schnee- und Eisfeld, das vor ihnen liegt. Tiefe Gletscherspalten laufen quer hindurch. „Da ist kein Weiterkommen", sagt Aimé erschöpft. Zu seiner Überraschung gibt Alexander ihm Recht. Zu gern wäre er bis ganz nach oben auf diesen Bergkoloss gestiegen, aber mit ihrer ungenügenden Ausrüstung ist das unmöglich. Das Risiko ist selbst dem unerschrockenen Forscher zu groß.

Dennoch fühlen sich die beiden Reisenden jetzt endgültig auf dem Dach von Südamerika, ja, auf dem Dach der ganzen Welt. Eine exakte Höhenmessung freilich ist ihnen aufgrund der schwierigen Umstände nicht möglich. Doch auf jeden Fall sind sie so hoch gestiegen wie nie ein Mensch vor ihnen: mehr als fünfeinhalbtausend Meter, Weltrekord im Jahr 1802. In Europa gibt es solch hohe Berge nicht, und die Einheimischen in Amerika sehen keinen Sinn in der mühseligen Bergsteigerei. Auch in Zukunft erweist sich der Chimborazo wegen seiner Gletscher für Bergsteiger als schwierige Herausforderung. Sein Gipfel wird erst achtzig Jahre nach Alexanders Versuch zum ersten Mal erreicht.

„Mit einiger natürlicher Fröhlichkeit, gegenseitigem Wohlwollen und lebhaftem Sinn für die majestätische Natur erträgt der Reisende die Beschwerden leichter."

Auf zum Pazifischen Ozean!

Nach so vielen Monaten und so vielen abenteuerlichen Ausflügen im Gebirge wird es Zeit, an die Weiterreise zu denken. Drei Jahre sind sie nun unterwegs, seit sie die Heimat verlassen haben. Ob ihre Briefe zu Hause angekommen sind, wissen sie nicht. Eine Antwort jedenfalls haben sie nie erhalten. Alexanders Instrumente haben unter den extremen Bedingungen schwer gelitten, und die beiden Freunde sehnen sich jetzt nach etwas mehr Bequemlichkeit. Die hoffen sie in Mexiko zu finden. Dafür müssen sie jedoch erst einmal einen Hafen an der Küste des Pazifischen Ozeans erreichen.

Auf dem Weg dorthin überqueren sie den Äquator, der die Nordhälfte des Erdballs von seiner Südhälfte trennt. Hier machen sie eine überraschende Entdeckung: Die Magnetnadel von Alexanders Kompass zeigt zunächst wie immer nach Norden. Als sie den Äquator überqueren, müsste sie eigentlich vom magnetischen Südpol angezogen werden und nach Süden zeigen. Das passiert aber erst, als sie mehrere Hundert Kilometer weiter gezogen sind. „Das heißt“, erklärt Alexander, „dass der geografische Äquator keinen Einfluss hat auf die Richtung der Magnetnadel.“ Als Erster hat er entdeckt, dass es einen magnetischen Äquator gibt, der weiter südlich verläuft.

Inklinatorium zur Messung der Neigung der Magnetlinien

Auf ihrer Reise zur Küste des Pazifischen Ozeans benutzen sie manchmal die Wege, die vor vielen Hundert Jahren schon von den Inkas angelegt wurden. Dieses Volk hatte es meisterhaft verstanden, Straßen und Transportwege quer durchs Gebirge zu bauen. Die meisten waren mit exakt behauenen Quadersteinen gepflastert, manche mehr als fünf Meter breit. Über Tausende von Kilometern verbanden sie die entlegensten Städte und Provinzen ihres Reiches. Meilensteine gaben die Entfernung zur nächsten Stadt an.

So gelangen Alexander und Aimé nach Cajamarca – einst eine der Hauptstädte der Inkas. Davon ist freilich nicht mehr viel zu erkennen. Sie sehen nur wenige Wohnhäuser und ehemalige Gasthäuser, deren Mauern noch gut erhalten sind. Manche haben sogar Bäder mit Zuleitungen von warmem Wasser. Die

„Alles beweist hier den guten Geschmack der Inkas."

meisten Häuser und den Königspalast aber haben die spanischen Conquistadores bei ihrer Eroberung vollkommen zerstört. Jetzt stehen die christlichen Kirchen auf deren Fundamenten. Die Nachkommen der Inkas sind unterdrückt und müssen für die Spanier arbeiten.

Alexander aber interessiert sich für die Kultur und die Sprache dieser Menschen. Er kann sich sogar mit einigen Nachkommen des Herrschers Atahualpa unterhalten, den die Spanier bei ihrem Eroberungszug ermordeten. Sie führen jetzt ein Leben in großer Armut. Alexander stellt fest, dass die Inkas schon vor vielen Jahrhunderten hervorragende Kenntnisse in den Wissenschaften besaßen. Sie konnten den Lauf der Sterne berechnen und kannten sich mit den Veränderungen des Klimas aus. Eine gut organisierte Landwirtschaft sicherte die Versorgung der Menschen und das Anlegen von Vorräten für schlechte Zeiten. Je mehr Alexander sich mit ihnen beschäftigt, desto mehr schätzt er die Leistungen ihrer Kultur. Er fertigt Zeichnungen von den Überresten einiger Bauwerke an und schreibt viele Wörter ihrer Sprache auf.

DIE INKAS

Kein Volk auf dem amerikanischen Kontinent hatte so viel Macht wie die Inkas. Ihr Reich erstreckte sich quer durch die Anden, vom heutigen Ekuador bis nach Chile. Doch dann kam die Katastrophe: Die beiden Königssöhne Atahualpa und Huáscar stritten sich um die Macht im Staat. Und genau in diesem Moment tauchten die ersten spanischen Eroberer unter der Führung von Francisco Pizarro auf. Sie nutzten den Bruderzwist und besiegten die Inkas im Jahr 1532 in der Schlacht von Cajamarca. Anschließend eroberten sie das gesamte Reich.

Nach so vielen Monaten im Gebirge sehnen sich die beiden Gefährten langsam wieder nach dem Anblick des Meeres. Sie können es kaum erwarten, von den hohen Bergen der Anden aus zum ersten Mal in ihrem Leben den Pazifischen Ozean zu erblicken. Hinter jedem Berg meinen sie, das Meer zu erkennen. Doch ständig werden sie enttäuscht. Immer wieder bleibt es unter Nebelbänken verborgen. Aber dann ist es endlich so weit: Bis zum Horizont liegt der weite Ozean vor ihnen. Alexander wird richtig feierlich zumute. Schon seit seiner Jugend hat er sich nach diesem Meer gesehnt. Wie oft hatte er den Erzählungen seines Freundes Georg Forster gelauscht und dabei von einer eigenen Reise zum Pazifik geträumt. Jetzt ist dieser Traum wahr geworden.
Die Küste erreichen sie schließlich in der peruanischen Stadt Lima. Doch das ist eine einzige Enttäuschung. „Dies ist der hässlichste Ort, den wir in Amerika gesehen haben", ist Alexander überzeugt. Fast immer liegt eine dichte Nebeldecke über Meer und Land. Die vornehmen Spanier führen ein komfortables Leben. Sie fühlen sich als etwas Besseres und benehmen sich unerträglich hochnäsig. So schnell wie möglich besteigen die beiden Reisenden ein Schiff, das sie weiter nach Norden bringt: in die Hafenstadt Guayaquil.
Unterwegs macht Alexander eine seiner berühmtesten Entdeckungen. Wie gewohnt bleibt er fast die ganze Zeit an Deck und beschäftigt sich mit seinen Instrumenten. Regelmäßig misst er die Temperatur und die Strömung des Meeres. Dabei fällt ihm etwas Eigenartiges auf: Das Wasser ist hier viel kälter, als es eigentlich in einer tropischen Region sein sollte: um fast zehn Grad. Die Erklärung hat der kundige Wissenschaftler gleich parat: Von den

eisigen Gewässern der Antarktis kommt eine kalte Strömung bis hierher. Sie fließt an der südamerikanischen Küste entlang bis hinauf zum Äquator. Dabei bringt sie eine ungeheure Menge von Algen und Fischen aus dem südlichen Polarmeer mit sich. Wo der kalte Strom auf die warmen Gewässer der Tropen trifft, haben die Meerestiere so viel Nahrung wie nirgendwo sonst in den Ozeanen der Welt. Der Fischreichtum ist gigantisch. Das haben die Fischer vor der peruanischen Küste natürlich schon immer gewusst. Alexander aber hat erstmals erklärt, woher das kommt. Später wird man deshalb die kalte Strömung nach ihm benennen: Humboldt-Strom. Ihn selbst ärgerte dieser Name. Er schmückte sich nicht gern mit fremden Federn.

Kaum sind die beiden Reisenden in Guayaquil angekommen, erreicht sie eine sensationelle Nachricht. Der Vulkan Cotopaxi ist ausgebrochen und spuckt Lava, Rauch und Asche. Er liegt von hier aus nur dreihundert Kilometer entfernt. Ein paar Monate zuvor sind die beiden Freunde auf diesem Berg herumgekraxelt. Damals war alles noch ruhig.

Alexander ist begeistert. Einen Vulkanausbruch aus nächster Nähe zu beobachten – das kann er sich nicht entgehen lassen! Doch Aimé gibt zu bedenken: „Nicht schon wieder eine Planänderung! Wir brauchen ein Schiff nach Mexiko, und das nächste geht in ein paar Tagen. Danach müssten wir wieder monatelang warten, denn es beginnen bald die Regenzeit und die Stürme."

Schweren Herzens verzichtet Alexander auf dieses einmalige Erlebnis. Immerhin können sie an der Küste die Explosionen hören und die Rauchsäule sehen, die am Himmel steht.

Die Reise geht weiter
Im Land des Silbers

Mit zwei Jahren Verspätung treffen Alexander von Humboldt und Aimé Bonpland in Mexiko ein. Aber die Erlebnisse und Abenteuer am Orinoco und in den Anden waren die langen und zeitraubenden Umwege wert. Neu-Spanien heißt Mexiko damals noch. Es ist die wichtigste und reichste Kolonie der Spanier auf dem amerikanischen Kontinent. Florida, Texas und Kalifornien gehören zu dieser Zeit noch dazu. Die Hauptstadt México ist schon eine richtige Metropole, die größte Stadt in ganz Amerika.

MÉXICO ...
... heißt die mexikanische Hauptstadt auf Spanisch, Mexiko-Stadt auf Deutsch und Mexico City auf Englisch. Mit über zwanzig Millionen Einwohnern ist sie eine der größten Metropolen in Amerika. Weil sie von Gebirgen umschlossen ist, wird sie vom Wind kaum durchlüftet. Fabriken, Heizung und Autoverkehr von so vielen Menschen sorgen für eine extreme Luftverschmutzung.

Mit ihrem Schiff von Guayaquil aus treffen Alexander und Aimé in Acapulco ein, wo sie an Land gehen. Der Hafen ist überfüllt mit Segelschiffen, denn die Stadt ist Ausgangspunkt für den Handel zwischen Amerika und der spanischen Kolonie auf den Philippinen. Sogleich machen sich die beiden auf den Weg über die Berge in die Hauptstadt. Alexander freut sich, dass er hier schon wieder zwei Vulkane direkt vor der Haustür hat: den Popocatépetl und den Ixtaccíhuatl. Wundervoll anzusehen sind sie mit ihren beiden schnee-

„So gewöhnt sich der Mensch daran, in Ruhe am Rande eines Abgrunds zu schlafen."

bedeckten Gipfeln. Der Popocatépetl ist der schönste und auffälligste unter den zweitausend aktiven und erloschenen Vulkanen von Mexiko. Den Einwohnern gilt er als Wächter und Beschützer der Stadt. Alexander freilich sieht auch die Gefahr: Bei einem Ausbruch wären die Menschen an seinem Fuße von Lavaströmen und Ascheregen bedroht. Doch solche Warnungen will hier niemand hören. Die Bewohner leben mit der Gefahr, und die Bevölkerung wächst und wächst. Im Moment halten die Vulkane Ruhe, und die beiden Reisenden können nach ihren aufregenden Abenteuern erst einmal entspannen. Endlich haben sie Zeit, ihre Notizen zusammenzutragen und die mitgebrachten Mineralien, Steine und Pflanzen zu ordnen. In México fühlen sie sich fast schon wie zu Hause in Europa. Die Straßen sind sauber und haben auf beiden Seiten Bürgersteige. Nachts sind sie sogar durch Laternen erleuchtet. Die Unterkünfte

erscheinen ihnen höchst komfortabel, das Essen ist köstlich. Wenn sie über die großen Märkte schlendern, staunen sie über die riesigen Berge von Bananen, Pfirsichen und Ananas, von Tomaten und Maiskolben. Und alle Buden und Stände sind geschmückt mit frischen Blumen. Eine bunte, fröhliche, lebenslustige Stadt.

Der Baron von Humboldt hat auch hier Schlagzeilen gemacht. Die Zeitungen berichten über seine abenteuerliche Expedition, denn nie zuvor hat sich ein Forscher auf eine solch weite und gefährliche Reise über Land begeben. Nie zuvor haben sich Wissenschaftler in derart entlegene Weltgegenden gewagt, und nie zuvor wurden Geografie und Klima, Pflanzen- und Tierwelt des amerikanischen Kontinents mit so viel Interesse und Genauigkeit untersucht. Kein Wunder also, dass die beiden Reisenden wieder in die Häuser der vornehmen spanischen Familien eingeladen werden. Die Bibliotheken der Stadt stehen ihnen offen. Mit anderen Wissenschaftlern besprechen sie tage- und nächtelang ihre Erlebnisse.

Während sie am Orinoco und in den Anden mit der wilden Natur zu kämpfen hatten, studieren sie in Mexiko das Leben, Arbeiten und Wirtschaften der Menschen. Schnell stellt Alexander fest, dass Neu-Spanien eines der reichsten Länder der Erde ist. Gold und Silber, Kupfer, Eisen und Quecksilber gibt es so viel wie nirgendwo sonst auf der Welt. Mehr als dreihundert Orte mit Bergwerken sind übers Land verteilt. Die interessieren den ehemaligen Bergwerksinspektor natürlich besonders. Wie in seinen Studienzeiten klettert er wieder in viele Minen hinein. Überall macht er Vorschläge zur Verbesserung. Schon jetzt kommt der allergrößte Teil des in der Welt geförderten Silbers aus den mexikanischen Bergwerken. „Es könnte noch sehr viel mehr sein, wenn ihr moderne Methoden anwendet“, rät der Experte aus Europa den einheimischen Minenbesitzern.

Auch das Land über der Erde ist reich. „Wenn ihr wolltet, könntet ihr die ganze Welt versorgen“, sagt Alexander immer wieder zu seinen Gastgebern, „mit

ÖKOLOGISCHE EINSICHTEN
Viele Jahrtausende lang und bis heute hat sich die Menschheit die Natur untertan gemacht und nur selten auf die Folgen geachtet. Humboldt erkannte als einer der Ersten, wie sehr in der Natur alles zusammenhängt. Deshalb hat er davor gewarnt, dass Eingriffe an einer Stelle an vielen anderen Orten dramatische Konsequenzen haben können: Trockenheit, Überschwemmungen, Wirbelstürme. Zweihundert Jahre später, mit den Folgen des globalen Klimawandels, ist diese Einsicht aktueller denn je.

„Zuverlässig waren die Bergwerke die Hauptquellen der großen Vermögensmassen in Mexiko.“

Zucker, Kaffee, Kakao und Wein, mit Weizen, Baumwolle, Hanf und Seide." Er sieht aber auch den großen Schaden, der an vielen Orten schon angerichtet wurde. Denn die Konquistadoren haben Wälder abgeholzt, ohne neue anzupflanzen. Deshalb sind in manchen Teilen Mexikos extreme Trockenheit und öde Landschaften verbreitet.

Vollkommen begeistert ist Alexander von den Chinampas. Das sind schwimmende Gärten und schwimmende Felder auf dem Texcoco-See am Stadtrand Méxicos. Lange vor Ankunft der Spanier wurden sie vom Volk der Azteken angelegt. „Es ist genial", erkennt Alexander, „anstatt die Felder zu bewässern, baut man die Felder ins Wasser." Kleine Inseln aus Schilf, Ästen, Wurzeln und Erde sind im See verankert, und darauf pflanzt man dann Blumen, Obst und Gemüse an. Einige sind so solide, dass eine Hütte darauf stehen kann. Von hier aus wird die Hauptstadt ausreichend mit Lebensmitteln versorgt, denn es gibt mehrere Ernten im Jahr.

Überreste der frühen indianischen Kulturen können die beiden Gefährten auch bei den Pyramiden von Teotihuacán besichtigen, die in der Nähe der Hauptstadt liegen. Hier existierte einmal eine Stadt mit hunderttausend Einwohnern. Übrig geblieben sind nur wenige Gebäude, aber die sind gigantisch. 65 Meter hoch ist die Sonnenpyramide, nur wenig niedriger die Mondpyramide gegenüber. „Wie lange ist wohl an diesen riesigen Bauwerken gearbeitet worden, bis sie fertig waren?" Aimé ist voller Bewunderung für die Leistung des untergegangenen Volkes.

Als die beiden auf die Sonnenpyramide hinaufklettern, erwartet sie ein großartiger Ausblick. Sie stellen sich vor, wie bunt und lebendig diese Stadt einmal gewesen sein muss. „Wieder ein Beweis dafür, dass die indianischen Völker keine primitiven Wilden waren. Sie besaßen eine großartige Kultur", hält Alexander in seinem Notizbuch fest. Wie schade, dass sie fast vollständig verschwunden sind. Ganz wenige Gebäude sind noch erhalten. Und leider leben die Nachkommen die-

CONQUISTADOR …

… ist das spanische Wort für Eroberer. Und so nannten sich auch stolz die Anführer und Soldaten, die im 16. und 17. Jahrhundert in Kuba, Mexiko und Südamerika die Indianervölker besiegten und deren Land als spanische Kolonien in Besitz nahmen. Die Spanier rühmten sich selbst für ihren Mut, die Indianer litten unter ihrer Grausamkeit.

ser Menschen in großer Armut. Wie in Südamerika werden sie auch in Mexiko unterdrückt und von den spanischen Kolonialherren ausgebeutet. Dieses bittere Unrecht bedrückt Alexander. Immer wieder fordert er eine bessere Behandlung der indianischen Ureinwohner. Doch davon wollen die reichen Landbesitzer nichts wissen. Sie verdienen gut an deren harter Arbeit und schlechter Bezahlung.

„Betrachtet man die mexikanischen Indianer in Masse, so sieht man nichts als ein Gemälde großen Elends."

Alexander aber interessiert sich nicht nur für die Vergangenheit und Gegenwart. Er schaut auch in die Zukunft. Wenn er die Landkarte von Neu-Spanien betrachtet, dann kommt ihm eine Vision: Auf beiden Seiten ist das Land von zwei großen Ozeanen umgeben, dem Atlantik und dem Pazifik. Wie wäre es, wenn man einen Kanal baut, um die beiden Meere zu verbinden?, fragt er sich. Dann könnten Schiffe vom einen Ozean zum anderen fahren, ohne den weiten Umweg um die Südspitze Südamerikas zu nehmen. Die Menschen kämen schneller ans Ziel, der Handel würde erleichtert.

Weil Alexander kein Träumer ist, macht er gleich konkrete Pläne. Neun verschiedene mögliche Routen zeichnet er in seine Landkarte ein. Man müsste sich vor Ort ein Bild machen, das Land vermessen und sich dann für den besten Weg entscheiden. Als er seinen Gastgebern davon erzählt, halten sie ihn für einen Spinner. Aber hundert Jahre später wird seine Idee wirklich in die Tat umgesetzt. Auf einer der Strecken, die er vorgeschlagen hat, entsteht eine Wasserstraße: der berühmte Panama-Kanal. Längst ist er einer der wichtigsten Schifffahrtswege auf der Welt.

Basaltsäulen am Wasserfall von Santa Maria Regla in Mexiko

Beim amerikanischen Präsidenten

Mehr als ein Jahr halten sich Alexander und Aimé nun bereits in Mexiko auf. Fast fünf Jahre sind sie insgesamt schon auf Reisen. Langsam heißt es deshalb, an den Heimweg nach Europa zu denken. Doch zuvor wollen sie noch einmal nach Kuba, denn dort haben sie vor drei Jahren einen Teil ihrer Sammlungen und Notizen zurückgelassen. Die wollen sie nun persönlich abholen.

Kaum sind sie auf Kuba gelandet und halten nach einem Schiff Richtung Europa Ausschau, kommt Alexander der nächste Umweg in den Sinn. Bevor sie nach Europa zurückkehren, will er noch in die Vereinigten Staaten von Nordamerika, die USA. Dort regiert inzwischen ein gewisser Thomas Jefferson als Präsident. Der ist nicht nur Politiker, sondern auch ein angesehener Gelehrter, Architekt und Erfinder, war selbst weit gereist und Botschafter in Paris gewesen. Jetzt besteht eine günstige Gelegenheit, ihn kennenzulernen und mit ihm zu diskutieren. Jefferson wird sich ganz sicher für Alexanders Reisen und Erlebnisse interessieren.

„Das darf doch nicht wahr sein“, stöhnt Aimé, „nicht schon wieder eine Änderung unserer Pläne.“ Aber wie immer ist er auch bei diesem Abstecher dabei. Vierzig große Seekisten brauchen sie, um alles zu verstauen, was sich während ihrer Reise angesammelt hat. Mit diesem umfangreichen Reisegepäck machen sie sich auf den Weg nach Philadelphia, zu dieser Zeit die zweitgrößte Stadt der USA.

Unterwegs trifft sie der wüsteste Sturm, den sie je erlebt haben. Tagelang jagt ein Hurrikan das Schiff übers Meer, rüttelt an Masten und Segeln. „Wären wir doch direkt nach Hause gesegelt. Hätten wir uns bloß nicht auf diese überflüssige Tour eingelassen“, jammert der seekranke Aimé. Er hat Angst um sein Leben. Alexander scheint das nicht zu kümmern. Auf Reisen ist er in seinem Element, und Gefahren gehören dazu. Er sorgt sich höchstens um seine Sammlungen und Manuskripte. „So lange haben wir alles mühsam mitgeschleppt und gut verwahrt, jetzt soll es auch wohlbehalten nach Paris gelangen“, hofft er. Sie haben Glück. Mit Mühe und Not erreichen sie den Hafen von Philadelphia.

„Vielleicht sterbe ich am Rande eines Kraters oder werde von den Wellen des Meeres verschlungen."

USA – UNITED STATES OF AMERICA

1776 sagten sich in Nordamerika dreizehn Kolonien von der Herrschaft der Engländer los. Sie gründeten die Vereinigten Staaten von Amerika. Bei Humboldts Besuch war es ein kleines Land an der Ostküste. Erst im Laufe der Zeit dehnte es sich bis zur Pazifikküste im Westen aus. Heute gehören 50 Staaten dazu, und die USA sind die mächtigste Nation der Erde.

Der Baron von Humboldt und seine Expedition durch Südamerika und Mexiko sind auch in Nordamerika in aller Munde. Alle wollen mit ihm sprechen. Seine Geschichten hören. Aus seinen Erfahrungen lernen. Präsident Jefferson macht da keine Ausnahme und lädt den berühmten Reisenden umgehend nach Washington ein. Die neu gegründete Hauptstadt der USA ist mit ihren fünftausend Einwohnern fast noch ein Dorf. Sie liegt genau auf der Grenze zwischen den Nordstaaten und den Südstaaten, ist also ein Kompromiss der konkurrierenden Politiker. Aber noch will dort kaum jemand wohnen, denn im Sommer ist es brütend heiß, durch das sumpfige Gelände schwirren die Mücken. Die Straßen sind schlammig und voller Pfützen. Überall stehen Baugerüste. Das soll die Hauptstadt einer so großen Nation sein?, fragt sich Aimé. Von Paris ist er Besseres gewöhnt. Aber man befindet sich hier ja erst am Anfang.

Auch das Weiße Haus, der Sitz des nordamerikanischen Präsidenten, ist noch im Bau. Ein paar Zimmer können schon benutzt werden, und dort trifft sich Thomas Jefferson mit dem Baron von Humboldt. In den Gesprächen mit dem Präsidenten lobt Alexander die Freiheit und die Demokratie in Nordamerika. So wünscht er sich auch die Regierungen in Europa. Dort jedoch herrschen überall noch Könige und Kaiser. Das Volk hat wenig zu sagen. Alexander prangert auch die unmenschliche Behandlung der Sklaven in den spanischen Kolonien an. Da runzelt der Präsident die Stirn. Das hört er nicht gern, denn auf seinem Landgut lässt er selbst eine Menge Sklaven für sich schuften.

Jefferson zieht es vor, schnell das Thema zu wechseln. Ihm ist sehr daran gelegen, ausführlich über Alexanders Forschungen und Entdeckungen in den letzten fünf Jahren zu diskutieren. Daran hat er als Präsident ein besonderes Interesse, denn schließlich sind die spanischen Kolonien im Süden der direkte Nachbar der USA. Trotz dieser Nähe hat er nur wenige Informationen, wie es dort zugeht. Alexander zeigt ihm bereitwillig seine Landkarten und die Ergebnisse seiner Messungen. Die sind sogar exakter als alle Dokumente der Spanier. Er berichtet von den fruchtbaren Ländereien in Mexiko und vom Reichtum der Bergwerke. Aber Jefferson will auch die Abenteuergeschichten hören – von den Flussfahrten auf dem Orinoco, von der Besteigung des Chimborazo, vom Hurrikan vor der kubanischen Küste. Von diesem preußischen Baron erfährt der Präsident mehr über Südamerika, als er beim Studium sämtlicher Bücher seiner Bibliothek lernen könnte, erkennt er beeindruckt.

SKLAVEREI

Zu Beginn des 19. Jahrhunderts ist die Sklaverei auf dem amerikanischen Kontinent und in vielen anderen Teilen der Welt noch weit verbreitet. Die indianischen Ureinwohner und die aus Afrika verschleppten Schwarzen werden als minderwertige Rasse angesehen und rücksichtslos ausgebeutet. Die meisten Weißen halten das für selbstverständlich. Einer der wenigen, der sich schon damals darüber empört, ist Alexander von Humboldt. Immer wieder beklagt er das Schicksal dieser rechtlosen Menschen und fordert deren Befreiung und Gleichberechtigung.

Ein Weltbürger in Europa

***Favorite* heißt das Schiff,** mit dem Alexander und Aimé im Sommer 1804 nach Europa zurückkehren. Auch ihre vierzig Seekisten mit den Notizen und den botanischen und mineralischen Schätzen gelangen heil über den Ozean. Sie landen in der französischen Hafenstadt Bordeaux und fahren gleich weiter nach Paris. Ein wenig traurig sind sie schon, dass ihr großes Abenteuer nun zu Ende ist. Aber weil sie in Frankreich begeistert empfangen werden, vergessen sie diesen Kummer rasch. Jetzt heißt es, in die Zukunft zu schauen.

„Wann fährst du heim nach Berlin?“, fragt Aimé seinen Freund. „Berlin?“, antwortet der, „ich denke, ich bleibe erst mal in Paris.“ Aimé ist hoch erfreut. Nur gemeinsam können sie sich schließlich an die Botanisierung der vielen mitgebrachten Pflanzen wagen. Und dann gibt es in Paris die besten Druckereien und Verlage, die hoffentlich ihre Bücher veröffentlichen werden. Außerdem sind hier die größten Wissenschaftler ihrer Zeit versammelt. Mit ihnen will Alexander seine Forschungen besprechen. Bruder Wilhelm, die Freunde in Berlin und auch der preußische König sind über diese Entscheidung gar nicht erfreut. „Als Deutscher sollte er in seiner Heimat leben“, sagen sie. Aber Alexander bleibt hartnäckig: „Ich bin jetzt ein Weltbürger!“

In den nächsten zwanzig Jahren wird Humboldt die meiste Zeit in Paris leben. Hier hält er Vorträge an den Universitäten. Diskutiert mit jungen Menschen über die Zukunft Amerikas. Schreibt Dutzende von Büchern, die in viele Sprachen übersetzt werden. Alle loben seine Zeichnungen von den Vulkanen, von Inka-Bauwerken und indianischen Handschriften. Doch die vielen

Bücher und Veröffentlichungen bringen ihm wenig ein. Die Kosten sind sogar so hoch, dass er einen großen Teil seines restlichen Vermögens dafür opfern muss. Ein Urheberrecht kennt man damals noch nicht, sodass in ganz Europa immer wieder Raubdrucke der Originale und der Übersetzungen auftauchen, an denen er überhaupt nichts verdient. Überall jedoch, wo er auftritt, wird er gefeiert. Die Leute verschlingen seine Geschichten vom Orinoco und vom Chimborazo. Niemals vorher hat jemand so ausführlich von solchen Abenteuern berichtet. In ganz Europa sind die Leser begeistert. Auch aus Amerika kommen Lobeshymnen von Präsident Jefferson. Baron Alexander von Humboldt ist jetzt eine internationale Berühmtheit.

Ganz besonders rühmen sie ihn in Südamerika. Dort nennt man ihn sogar den „zweiten Entdecker Amerikas". Kein Mensch auf der Welt kennt sich dort besser aus. Erst der deutsche Reisende hat ihnen die Schönheiten und Wunder ihres Kontinents vor Augen geführt. Von Mexiko bis Argentinien, von Kuba bis Chile ist er eine verehrte Persönlichkeit. Straßen und Schulen werden nach ihm benannt. In vielen Städten wird er in einem Denkmal verewigt. Trotz aller Verehrung – eigentlich träumt sich Humboldt auch als in Ehren ergrauter Gelehrter immerzu in die Ferne. Manchmal wünscht er, er wäre in Amerika geblieben.

„Meine Expedition über 9000 Meilen war ein unvergleichliches Glück."

Dann wieder macht er ganz neue Reisepläne, möchte nach Italien, Griechenland, Spanien, Mexiko. Aber vor allem hat er lange schon ein großes, noch viel weiter entferntes Ziel: das Himalaya-Gebirge in Asien. Dort könnte er überprüfen, ob die Andengipfel wirklich die höchsten Berge der Welt sind. Bisher hat dort nämlich noch kein Wissenschaftler Messungen durchgeführt oder die Berge gar bestiegen.

Der einzig mögliche Zugang zum Himalaya geht über Indien, das damals eine englische Kolonie ist. Humboldt reist deshalb nach London, um von den Engländern die Genehmigung zur Einreise zu bekommen. Auch dort wird er gefeiert, muss Vorträge halten, wird zu Festen eingeladen. Doch alle guten Kontakte nützen nichts: Die Erlaubnis für die Reise nach Indien bekommt er nicht.

HIMALAYA

Was Humboldt noch nicht wissen konnte, aber vielleicht schon geahnt hat: Der Himalaya ist das höchste und mächtigste Gebirge der Welt. Zehn Gipfel sind höher als 8000 Meter, darunter der Mount Everest. Er ist mit 8848 Metern der höchste Berg der Welt. Und doch hält Amerikas Chimborazo einen Rekord: Weil er am Äquator liegt, wo sich die Erdkugel etwas ausbeult, ist sein Gipfel der Ort, der am weitesten vom Mittelpunkt der Erde entfernt ist.

Die Engländer haben Angst, dass er spionieren könnte. Der Baron gibt nicht auf. Noch zweimal reist er nach London, um die Engländer umzustimmen. Vergebens. Stattdessen drängt ihn der preußische König, endlich nach Berlin zurückzukehren. Andernfalls streicht er ihm seine jährliche Pension. Humboldt braucht das Geld, denn sein Erbe ist durch die Reisen und die vielen Bücher längst aufgebraucht. Nach fünf Jahren in Amerika und zwanzig Jahren in Paris kehrt er deshalb im Alter von fast 50 Jahren in die Heimat zurück. Auch hier wollen alle ihn sehen, seine Geschichten und Vorträge hören. Regelmäßig muss er auch beim König zugegen sein, der sich gern mit seinem berühmtesten Untertan schmückt. Humboldt ist von dem Rummel um seine Person nicht gerade begeistert. Aber der Umzug nach Berlin ist dennoch ein Glücksfall für ihn. Eine neue Reise in ein fernes, unbekanntes Land steht bevor.

Preußischer Soldat

Der zweite Mann

Alle Welt redet immerzu von Alexander von Humboldt: Humboldts Forschungsreise, Humboldts Bücher, Humboldts Leistung für die Naturwissenschaften, für das Wissen um die Kulturen Amerikas. Er hat Forschungsreisende und Künstler seiner Zeit inspiriert. Er hat den Chimborazo bestiegen. Er hat die Verbindung zwischen Orinoco und Amazonas nachgewiesen. Er ist auf den Humboldt-Strom gestoßen. Er hat mit dem amerikanischen Präsidenten gesprochen.

Doch was ist mit dem zweiten Mann der Reise: Aimé Bonpland? Der sollte nicht vergessen werden. Schließlich ist er vom ersten Tag an dabeigewesen. Hat schon die Vorbereitungen mitgemacht. Ist auch durch den Urwald gepaddelt, hat Berge erklettert und schwere Stürme überstanden. Hat die Mehrzahl der 60 000 Pflanzen gesammelt, die sie mit nach Europa gebracht haben. Hat sie ordentlich sortiert und beschrieben. Hat sich zwar über die dauernden Änderungen der Reisepläne beschwert, aber dann doch immer mitgemacht. Und er hat sich sogar von schweren Krankheiten nicht entmutigen lassen.

Nach ihrer Reise erhält auch Bonpland viele Ehrungen. Aber immer steht er im Schatten des Barons von Humboldt. Zunächst wird er Direktor der kaiserlichen Gärten in der Nähe von Paris. Doch er ist kein Verwalter, sondern ein ruheloser Forscher. Wie Humboldt hat er weiter Sehnsucht nach Amerika. Und deshalb macht er sich schon bald wieder auf den Weg. Diesmal nach Argentinien, in den Süden von Südamerika. Und diesmal ohne den berühmten Baron. Dafür hat er seine ganze Bibliothek und Hunderte von Pflanzen und Samen im Gepäck.

Mikroskop für botanische Studien

Aber das Schicksal meint es nicht gut mit ihm. Er zieht in den Urwald am Río Paraná, der ihn an den Orinoco erinnert. Dort macht er eine wichtige Entdeckung: Die Indianer benutzen eine wild wachsende Pflanze, aus der sie einen kräftigen Tee brauen. Sie verwenden ihn auch als Medizin gegen verschiedene Krankheiten. Yerba Mate heißt der Strauch. Als Arzt und

„Herr Bonpland hat während dieser schmerzhaften Krankheit den Mut und die Freundlichkeit des Charakters bewahrt, die ihn auch in den peinlichsten Lagen nie verlassen haben.“

Botaniker weckt das natürlich Bonplands Interesse. Der Export der Teeblätter nach Europa könnte ein gutes Geschäft werden, denkt er sich. Also gründet er ein Landgut mit einer Plantage, um die Sträucher planvoll anzubauen. Doch das wird ihm zum Verhängnis. Denn im Nachbarland Paraguay regiert ein Diktator, dem das überhaupt nicht gefällt. Er will den Anbau und den Verkauf des Mate in seiner Hand behalten. Seine Soldaten überfallen die Plantage, vertreiben die Indianer und nehmen den Franzosen gefangen. Fast zehn Jahre lang bleibt er irgendwo im Urwald verbannt, ohne Kontakt zu Freunden und Bekannten. Die internationalen Proteste einflussreicher Politiker und Wissenschaftler helfen nichts. Auch Humboldt kann nichts ausrichten.
Als Aimé Bonpland schließlich doch freikommt, erhält er viele Angebote, wieder nach Europa zu kommen und dort zu arbeiten. Doch er bleibt Südamerika treu. Er stürzt sich in immer neue Projekte: Züchtet Schafe in Uruguay. Baut im Süden von Brasilien Apfelsinen an. Schließlich kehrt er zurück an den Río Paraná. 85 Jahre ist er alt, als er dort im Mai 1858 stirbt – ein Jahr vor seinem Freund Alexander im fernen Berlin. Trotz aller Widrigkeiten ein langes Leben.
Das Dorf, in dem er zum Schluss gewohnt hat, wird nach ihm benannt: Bonpland. Auch einige andere Landschaften und Dinge tragen heute seinen Namen: ein Berg in Venezuela und eine Straße in Buenos Aires, ein Tintenfisch, eine Orchideenart und sogar ein Krater auf dem Mond. Aber das ist wenig im Vergleich zu all den Dingen, die den Namen Humboldts tragen. Auch da ist Bonpland der zweite Mann geblieben. Immer im Schatten des weltbekannten Barons.

So erfolgreich und berühmt wie Humboldt ist er also nicht geworden. Aber dafür verbringt er vierzig Jahre seines Lebens dort, wo sein Freund sich immer wieder hingeträumt hat: in Südamerika, in den Tropen, im Urwald.

MATE
Der Tee aus den getrockneten Blättern des Mate-Strauchs ist das beliebte Nationalgetränk in Argentinien, Uruguay und Paraguay. Anderswo auf der Welt ist er kaum bekannt. Wie Kaffee hat er eine anregende Wirkung. Er ist aber ziemlich bitter im Geschmack.

Neue Abenteuer

Rasende Fahrt durch Sibirien

Theodolit, ein Instrument für Winkelmessungen

Nikolaus I., der russische Kaiser, hat natürlich wie alle Welt von Humboldts Reisen und Forschungen gehört. Er weiß auch, dass er in seiner Jugend Bergwerksinspektor war und sich mit Diamanten, Gold und anderen Edelmetallen gut auskennt. Das möchte er ausnutzen, um in seinem riesigen Land noch mehr Reichtümer zutage zu fördern. Sein Finanzminister hat ihm zugetragen, dass der berühmte Gelehrte von neuen großen Forschungsfahrten träumt. Und so erhält Alexander von Humboldt die Einladung, das riesige russische Reich zu erkunden. Die Kosten spielen keine Rolle.
Von Berlin über St. Petersburg und Moskau weit hinein bis nach Sibirien soll die Reise gehen. Das ist immerhin schon in der Nähe des Himalayas. Vielleicht lässt sich ja unterwegs mal wieder eine Planänderung durchsetzen, denkt Humboldt insgeheim. Jedenfalls muss er nicht lange überlegen. Er macht sich auf den Weg. Zwar ist er schon fast sechzig Jahre alt, aber er ist gesund und so gut in Form wie eh und je.

Die Durchquerung der schier endlosen sibirischen Steppe ist ein gewagtes und gefährliches Unternehmen. Die Reise allerdings verläuft ganz anders als gedacht. Der Zar hat alles so organisiert, wie es seinen Interessen entspricht. Er gibt dem Baron von Humboldt eine Gruppe von Begleitern mit auf den weiten Weg. Aber es stellt sich schnell heraus, dass sie nicht nur dazu da sind, ihm zu helfen. Hauptsächlich sollen sie ihn kontrollieren und die Reiseroute festlegen.

Humboldt darf nicht bestimmen, wo sie halten und was sie anschauen. Wie immer interessiert er sich für Pflanzen und Steine am Wegesrand. Er will mit den Menschen sprechen. Er möchte seine Sammlungen ergänzen, seine Instrumente aufbauen und Messungen durchführen. Doch seine Aufpasser drängen ihn immer voran zum nächsten Bergwerk. Dort soll er untersuchen, welche Metalle zu finden sind und wie man den Abbau verbessert. Mit den Bergarbeitern reden oder gar den armen Bauern? Auf gar keinen Fall! Die führen ein erbärmliches Leben, und das soll niemand erfahren.

SIBIRIEN
Jenseits des Ural-Gebirges beginnt die gigantische Landschaft Sibiriens. Sie reicht im Norden zum Polarmeer, im Osten an den Pazifischen Ozean und im Süden bis zur Mongolei und nach China. Riesige Flüsse wie der Ob und die Lena fließen durch die endlosen Steppen. Heute gibt es große Städte wie Omsk und Nowosibirsk, aber in vielen Teilen herrscht weiter die große Einsamkeit. Reisen dorthin sind immer noch ein Abenteuer.

So rasen sie in ihren Kutschen quer durch das riesige Land. Tag und Nacht, fast ohne Pause. Große Städte gibt es nicht, und an den kleinen, entlegenen Siedlungen fahren sie meistens vorbei. An den zahlreichen, weit im Land verstreuten Poststationen wechseln sie regelmäßig die Pferde. Immer weiter geht es, bis sie die Stadt Tobolsk am großen Fluss Irtysch erreichen. Hier sollte eigentlich Endstation und Umkehrpunkt ihrer Reise sein. Doch Humboldt will wenigstens eine asiatische Gebirgskette erkunden, und am nächsten liegt das

Der russische Kaiser
Zar Nikolaus I.

Altaigebirge. Er setzt sich über die Anweisungen des Zaren hinweg und macht sich mit seinen Begleitern auf den weiteren Weg nach Osten. Irgendwann taucht am Horizont dann endlich das Altaigebirge auf. Sie sind schon fast in China, mehr als fünftausend Kilometer von Berlin entfernt.

Jetzt ist Humboldt von seinen Begleitern nicht mehr zu bremsen. Unermüdlich marschiert er durchs Gebirge. Kriecht in Höhlen. Sammelt Steine und Mineralien. Trocknet und sortiert Pflanzen. Erinnerungen an die Zeit in Südamerika werden wach. Er vergleicht das Altaigebirge mit den Anden. Die viereinhalbtausend Meter hohen Gipfel sind nicht so kolossal wie der Chimborazo. Aber auch hier findet er seltene Tiere, Pflanzen und Steine. Schließlich drängen seine Begleiter zum Aufbruch. Der Sommer geht seinem Ende entge-

HUMBOLDTS REISE DURCH RUSSLAND 1829

gen, und im sibirischen Winter ist das Reisen unmöglich. Die Schneemassen verhindern jedes Durchkommen. Außerdem erwartet der Zar seinen Bericht. Auf dem Rückweg Richtung Westen kann er trotzdem noch einen Abstecher durchsetzen: zum Kaspischen Meer. Es ist einer der größten Binnenseen der Welt. Auch von ihm hat Alexander schon in seiner Jugend geträumt. Jetzt darf er nicht nur an seinem Ufer stehen, sie unternehmen auch eine Schiffstour. Dann geht es wieder in rasender Kutschfahrt zurück nach Sankt Petersburg, zum Hof des Zaren. In acht Monaten haben sie neunzehntausend Kilometer zurückgelegt – wahrscheinlich ein Weltrekord. Aber das ist Humboldt nicht wichtig. Gern wäre er langsamer gereist und länger unterwegs gewesen. Hätte mehr Pausen gemacht, um noch mehr Wundersames zu entdecken. Aber immerhin: Er war noch einmal draußen in der weiten Welt. Die zweite, aber auch die letzte große Expedition seines Lebens. Viel Neues hat er gelernt und seine botanischen und geologischen Sammlungen vergrößert. Außerdem hat er für den Zaren eine Menge nützlicher Informationen mitgebracht.

„Ich fühle mich stärker, kräftiger, aktiver als je zuvor."

Carl Friedrich Gauß (1777-1855): Der „Fürst der Mathematiker" hat sich nicht nur um die Geometrie und zahlreiche Rechengleichungen verdient gemacht, sondern als Astronom auch wichtige Himmelskörper entdeckt. Er war Professor an der Universität Göttingen und Direktor der dortigen Sternwarte.

Simón Bolívar (1783-1830): Als „El Libertador", der Befreier, hat er den Unabhängigkeitskampf der spanischen Kolonien auf dem amerikanischen Kontinent angeführt. Sein Traum von einem vereinten Lateinamerika ist allerdings nie Wirklichkeit geworden.

Caroline von Humboldt (1766-1829): Die Ehefrau von Alexanders Bruder Wilhelm war eine für damalige Zeiten höchst selbstständige Frau. Sie reiste allein durch Europa, unterhielt an ihren Wohnsitzen in Berlin, Paris und Rom Literarische Salons, in denen sich die großen Geister der Epoche trafen und mit denen sie auch korrespondierte.

Charles Darwin (1809-1882): Ähnlich wie Humboldt reiste der britische Naturforscher viele Jahre durch die Welt, allerdings vorwiegend per Schiff. Unterwegs kamen ihm die Erkenntnisse für seine bahnbrechende Evolutionstheorie, die besagt, dass sich die Vielfalt der Natur über Millionen von Jahren durch ständige Anpassung der Lebewesen an ihre Umwelt herausgebildet hat.

Joseph Gay-Lussac (1778-1850): Der französische Chemiker und Physiker beschäftigte sich vornehmlich mit dem Zusammenwirken von Temperatur, Wärme und Gasen und stellte dabei wichtige Gesetzmäßigkeiten fest. Gemeinsam mit Humboldt experimentierte er mit Elektrizität und Wasser.

Johann Wolfgang von Goethe (1749-1832): Der bedeutendste aller deutschen Dichter schuf nicht nur ein gigantisches Werk von Gedichten, Romanen und Schauspielen, sondern beschäftigte sich auch mit Naturforschung. Seine naturwissenschaftlichen Thesen aber widersprachen manchmal Humboldts Erkenntnissen und erwiesen sich am Ende gelegentlich als falsch.

Friedrich Schelling (1775-1854): Einer der wichtigsten deutschen Philosophen seiner Zeit. Er bemühte sich nicht nur um Fragen des Denkens, sondern auch um Probleme der Naturwissenschaft. So weckte er die Aufmerksamkeit des jungen Humboldt, der sich zeitlebens eng mit ihm verbunden fühlte.

Die Welt kommt nach Berlin

Zurück von seiner Russlandreise in Berlin, sieht Humbolt die Zeit gekommen, all seine Kenntnisse und Erlebnisse in einem großen Buch zusammenzufassen. *Kosmos* wird es heißen, denn es soll die ganze Natur umfassend beschreiben. Durch Europa, Amerika und Asien ist er gereist. Seereisen über große Ozeane hat er überstanden. Steppen durchquert, Urwälder erforscht und Berge erklettert. Mit berühmten Wissenschaftlern und Staatsmännern hat er diskutiert. Unendlich viele Pflanzen gesammelt und Steine untersucht. Er kennt die Welt wie kein Zweiter.

Aber es ist nicht so leicht, sein gigantisches Wissen in eine vernünftige Ordnung zu bringen. Und immer wenn er sich mit einem Thema beschäftigt, muss er feststellen, dass ihm noch viele zusätzliche Informationen fehlen. Die versucht er von anderen Gelehrten zu bekommen. In Berlin trifft er sich mit Kollegen aus aller Welt. Er schreibt Briefe nach St. Petersburg, Washington und Philadelphia, nach Kuba, Mexiko und Venezuela, wenn er von dort Informationen braucht. In manchen Jahren schreibt er tausend, zweitausend Briefe. Und noch viel mehr bekommt er zurück. Auch von seinem alten Freund Aimé Bonpland erhält er manchmal Post aus Argentinien. Der versorgt ihn mit Daten zur Pflanzenwelt im tiefen Süden des Kontinents. Humboldt muss nicht mehr in die weite Welt hinausreisen, sie kommt jetzt zu ihm nach Berlin.

So geht die Arbeit an seinem Buch zwar voran, kann aber nie richtig beendet werden. Denn ständig bekommt er neue Hinweise, die er berücksichtigen will. Nach zehn Jahren Arbeit entscheidet er sich endlich, erst einmal einen Band seines *Kosmos* zu veröffentlichen. Das Buch ist ein durchschlagender Erfolg, ein internationaler Bestseller. Es wird nicht nur ins Englische, Französische Spanische, Italienische und Russische übersetzt, sondern auch ins Schwedische, Dänische, Polnische und Ungarische.

WORLD WIDE WEB

Humboldt ist nicht nur durch die Welt gereist, er hat sich auch ein weltweites Netz von befreundeten Gelehrten und Wissenschaftlern aufgebaut, die ihn mit Informationen versorgen, Fragen beantworten und an Diskussionen teilnehmen: Thomas Jefferson und Simón Bolívar, der Dichter Friedrich Schiller, der Mathematiker Carl Friedrich Gauß, der Chemiker Gay-Lussac und der Philosoph Friedrich Schelling. Goethe sah in Humboldt sogar den wichtigsten Gesprächspartner seines Lebens.

Kosmos ist deshalb so beliebt, weil es kein trockenes Buch über Naturwissenschaften ist, sondern eine spannende Reise über die Oberfläche der Erde. Zu gigantischen Landschaften wie Gebirgen und Vulkanen, aber auch zu kleinsten Elementen wie Insekten und Diamanten. Dann beschreibt es die Geschichte der Menschen und ihrer Wanderungen über den Globus. Und schließlich schaut das Buch hinauf ins Weltall, erklärt das Sonnensystem und die fernen Gestirne. Humboldt versetzt den Leser in eine fremde Welt. Selbst Menschen, die in einem abgelegenen Dorf wohnen, bringt er in Kontakt mit dem gesamten Erdkreis. Und er erzählt alles so spannend, dass man sich am liebsten gleich selbst auf den Weg machen möchte.

Das Buch zeigt, wie alles im Universum zusammenhängt. Dass der Mensch nur ein winziger Teil des Großen und Ganzen ist. Dass auch ein verstecktes Samenkorn oder ein kleines Insekt eine wichtige Rolle im „Netz des Lebens“ spielt, wie Humboldt es nennt. Großes und Kleines, Himmel und Erde, Gebirge und Staubkrümel, Ozeane und Wassertropfen, Baumriesen und Käfer sind untrennbar miteinander verbunden und voneinander abhängig. Alle zusammen sind sie vereint als unsere Welt, als unser Kosmos. Kaum hat Humboldt den ersten Band seines großen Werkes beendet, schreibt er schon am zweiten. Insgesamt fünf Bände hat er fertiggestellt, zwanzig Jahre lang daran gearbeitet, als er am 6. Mai 1859 in Berlin stirbt – fast neunzig Jahre alt. Zu seiner Beerdigung versammelt sich eine so große Menschenmenge, wie Berlin sie lange nicht gesehen hat. Sie erweisen einem Mann die letzte Ehre, den sie als größten Forscher und Reisenden des ganzen Jahrhunderts feiern. Und sie zitieren ihn mit einem Satz, den er vielleicht selbst nie gesagt hat, der aber sein Denken wunderbar zusammenfasst:

„Die gefährlichste Weltanschauung ist die Weltanschauung der Leute, die die Welt nie angeschaut haben.“

Humboldt.

QUELLEN-NACHWEIS

ALEXANDER VON HUMBOLDTS WERK

Ansichten der Kordilleren und Monumente der eingeborenen Völker Amerikas
Eichborn Verlag, Frankfurt am Main 2004

Briefe aus Amerika 1799–1804
Bearbeitet von Ulrike Moheit. Akademie Verlag (Beiträge zur Alexander-von-Humboldt-Forschung, 16), Berlin 1993

Cartas Americanas
Biblioteca Ayacucho, Caracas o.J.

Del Orinoco al Amazonas
Editorial Labor, Barcelona 1982

Reise in die Äquinoktial-Gegenden des Neuen Kontinents
Herausgegeben von Ottmar Ette. Mit Anmerkungen zum Text, einem Nachwort und zahlreichen zeitgenössischen Abbildungen sowie einem farbigen Bildteil. 2 Bände. Insel Verlag, Frankfurt am Main, Leipzig 1991

Werke, Darmstädter Ausgabe, sieben Bände
Wissenschaftliche Buchgesellschaft, Darmstadt, 2. Auflage 2008

WEITERFÜHRENDE LITERATUR

Alexander von Humboldt:
Ansichten der Natur
Mit wissenschaftlichen Erläuterungen. Neuausgabe. Eichborn (Die Andere Bibliothek), Frankfurt am Main 2004

Alexander von Humboldt:
Zentral-Asien. Untersuchungen zu den Gebirgsketten und zur vergleichenden Klimatologie
Nach der Übersetzung Wilhelm Mahlmanns aus dem Jahr 1844. Neu bearbeitet und herausgegeben von Oliver Lubrich. Mit einer Auswahl aus Alexander von Humboldts Reisebriefen und Gustav Roses Reisebericht. S. Fischer Verlag, Frankfurt am Main 2009

Alexander von Humboldt:
Das Buch der Begegnungen Menschen – Kulturen – Geschichten aus den Amerikanischen Reisetagebüchern
Herausgegeben von Ottmar Ette. Manesse Verlag, München 2018

Hanno Beck:
Alexander von Humboldt
2 Bände. Franz Steiner Verlag, Wiesbaden 1959–1961

Gerhard Casper:
Ein junger Mann aus ‚Ultima Thule' zu Besuch bei Jefferson: Alexander von Humboldt in Washington
Orden Pour le Mérite für Wissenschaften und Künste, Reden und Gedenkworte, 37. Band, 2008–2009 Wallstein Verlag, Göttingen

Ottmar Ette/Julia Bayerl (Hg.):
Alexander von Humboldt – Bilder-Welten
Die Zeichnungen aus den Amerikanischen Reisetagebüchern. Prestel Verlag, München 2018

Ottmar Ette (Hg.):
Handbuch Alexander von Humboldt
J. B. Metzler Verlag, Stuttgart 2018

Frank Holl:
Alexander von Humboldt. Mein vielbewegtes Leben
Eichborn (Die Andere Bibliothek), Berlin 2017

Daniel Kehlmann:
Die Vermessung der Welt
Rowohlt Taschenbuch Verlag, Reinbek 2008

Andrea Wulf:
Alexander von Humboldt und die Erfindung der Natur
Bertelsmann Verlag, München 2016

BUCHTIPPS FÜR JUNGE LESER

Magdalena und Gunnar Schupelius:
Alexander und Wilhelm – Die Humboldts. Das aufregende Leben der Gebrüder Alexander und Wilhelm von Humboldt
Berlin Story Verlag, Berlin 2013

Andreas Venzke:
Humboldt und die wahre Entdeckung Amerikas
Arena Verlag, Würzburg 2009

HÖRBUCHTIPPS

Reinhard Barth:
Alexander von Humboldt. Abenteurer, Forscher, Universalgenie
Igel Records, Dortmund 2008
Das Hörbuch erzählt von Humboldts Leidenschaft zur Natur, seinen Reisen und seiner wissenschaftlichen Arbeit.

Steven Jan van Geuns:
Tagebuch einer Reise mit Alexander von Humboldt durch Hessen, die Pfalz, längs des Rheins und durch Westfalen im Herbst 1789
Bearbeitete Hörbuchfassung. Vorgelesen von Konrad Beikircher. 1 CD. tacheles!, Bochum 2011

Robert Steudtner:
Alexander von Humboldt. Bis ans Ende der Welt
Headroom Sound Production, Köln 2011
Im Zentrum des Hörbuchs steht Humboldts Südamerikareise, die er gemeinsam mit dem französischen Botaniker Aimé Bonpland unternommen hat.

FILMTIPPS

Die Besteigung des Chimborazo
DVD 2015
Erzählt wird die Geschichte Alexander von Humboldts, der mit seinem Gefährten Aimé Bonpland den Chimborazo besteigt und sich damit großen Strapazen ausgesetzt sieht.

Expedition Humboldt. Ein deutsches Genie in Lateinamerika
DVD 2010, antiquarisch erhältlich
Eine Reise durch Südamerika auf den Spuren Alexander von Humboldts

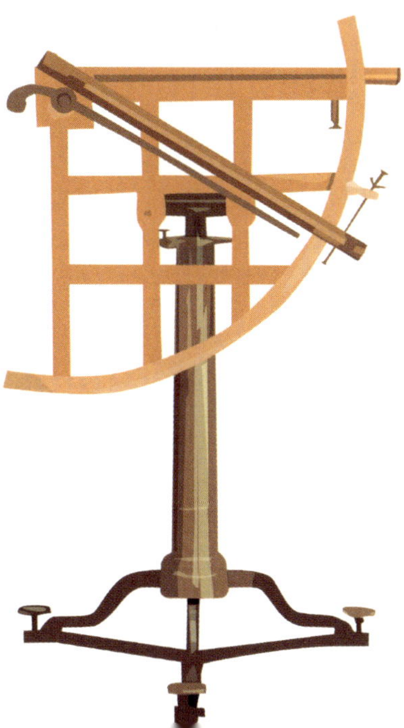

MUSEEN

Alexander von Humboldts Geburtshaus
Heute Sitz der Berlin-Brandenburgischen Akademie der Wissenschaften
Jägerstraße 22–23, 10117 Berlin
www.bbaw.de/

Alexander von Humboldts Elternhaus und Grabstätte
Humboldt-Museum – Schloss Tegel
Adelheidallee 19, 13507 Berlin
Besichtigungen im Sommer immer montags, mit Führungen
www.museumsportal-berlin.de/de/museen/humboldt-museum-schloss-tegel/

Humboldt Forum Berlin
Ein Platz des Wissens und des Austausches ganz im Sinne Humboldts. Gezeigt werden Ausstellungen zu außereuropäischen Kulturen.
Schloßplatz 7, 10178 Berlin
www.humboldtforum.com/de

WEB-TIPPS

http://edition-humboldt.de
Projekt der Berlin-Brandenburgischen Akademie der Wissenschaften, das die Reisetagebücher und den Briefwechsel von Alexander von Humboldt fortlaufend erfasst und digital zur Verfügung stellt

http://www.avhumboldt.de
Informationsplattform zu Materialien, Aktivitäten und Projekten rund um Alexander von Humboldt

http://humboldt.staatsbibliothek-berlin.de/
Das Humboldt-Portal der Staatsbibliothek zu Berlin bietet vielfältige Informationen zum Leben und Schaffen Alexander von Humboldts.

http://www.hin-online.de
Die digitale Zeitschrift „HiN – Humboldt im Netz" veröffentlicht zweimal im Jahr neue Forschungsbeiträge zu Alexander von Humboldt in Deutsch, Englisch, Französisch oder Spanisch.

REGISTER

VOLKER MEHNERT, *geboren 1951, hat viele Jahre als freiberuflicher Journalist, Reiseschriftsteller und Buchautor in Lateinamerika, Osteuropa und den USA gelebt und ist dort schon früh auf den Spuren Alexander von Humboldts gereist. Seine Bücher über Mexiko, Kalifornien, Portugal oder die Südsee befassen sich ebenso mit touristischen, kulturellen und historischen Aspekten wie die Vielzahl seiner Artikel für die* Frankfurter Allgemeine Zeitung *oder* Die Welt am Sonntag.

CLAUDIA LIEB, *geboren 1976 in Erlenbach am Main, hat in Münster und an der Hochschule für Angewandte Wissenschaften in Hamburg Kommunikationsdesign studiert. Sie lebt in München und arbeitet dort in einer Ateliergemeinschaft als Illustratorin und Grafikerin. Im Gerstenberg Verlag erschienen 2009 das von ihr gestaltete Buch* Die wunderbaren Reisen des Marco Polo, *für das die Illustratorin mehrfach ausgezeichnet wurde, sowie 2012* Das Hausbuch der Weltreligionen *mit ihren Bildern.*
www.claudialieb.de

1. AUFLAGE 2018

GESTALTUNG, SATZ UND LAYOUT:
CLAUDIA LIEB, MÜNCHEN
TEXT: VOLKER MEHNERT, BAD SODEN
DRUCK UND BINDUNG: LIVONIA, RIGA
PRINTED IN LATVIA

WWW.GERSTENBERG-VERLAG.DE
ISBN 978-8369-5999-5

Der Gerstenberg Verlag dankt Dr. Tobias Kraft, Arbeitsstellenleiter im Akademievorhaben Alexander von Humboldt auf Reisen – *Wissenschaft aus der Bewegung (Berlin-Brandenburgische Akademie der Wissenschaften) für die fachliche Durchsicht.*